「食」の図書館

リキュールの歴史

LIQUEUR: A GLOBAL HISTORY

LESLEY JACOBS SOLMONSON
レスリー・ジェイコブズ・ソルモンソン【著】
伊藤はるみ【訳】

原書房

目次

［……］は翻訳者による注記である。

Blue
CHARTREUSE
CRÈME DE
ANCIENNE

はじめに

18世紀フランスの司祭、農学者だったポリュカルプ・ポンスレは著書『味覚と嗅覚に関する新しい化学 *Nouvelle chymie du gout et de l'odorat*』（1774年）に「良質のリキュールは一片の音楽だ」と書いている。さらに彼は、緻密に組みあわされた音のつらなりである音楽が心地よいハーモニーを生みだすように、適切な味と香りの配合で作られたリキュールは人の心を至上のハーモニーで満たすと書いた。「一片の音楽」とは、リキュールがもつ力を表現する絶妙な表現だ。歴史をふりかえれば、この甘味を加えた蒸溜酒（スピリッツ）がさまざまな影響を――ある時はオーケストラのソリストのように主旋律をかなで、またある時は控えめな伴奏者の役割をになったいつつ――与えてきたことがわかる。

リキュールの歴史は世界各地を舞台に、錬金術、大航海時代の冒険の旅や産業化時代、薬剤と嗜好品、貴族階級と庶民たちなどが織りなす、じつに興味深い物語だ。この甘味のある蒸溜酒がまだなかったころ、人類は穀類などの原料を醱酵させた醸造酒にハチミツを加えて飲んでいた。すでに紀元前7000年ごろの中国には、そうした飲物があったという記録が残っている。蒸溜によって

エリクシール・ダンヴェールはベルギーの医師、薬剤師だったフランソワ＝グザヴィエ・ド・ブクラーが1863年に製造した消化を助けるための薬草系リキュールだ。

アルコールを抽出する原始的な方法は紀元前5世紀から行われていたらしいが、蒸溜酒の製造技術が確立されたのは9世紀のこと、イスラム教徒の錬金術師ジャービル・イブン・ハイヤーン（西洋世界ではゲーベルの名で知られている）による蒸溜器アランビックの発明に始まる。この蒸溜器はふたつの容器を管でつなぎ、その一方に醸造酒（たとえばワイン）を入れ、他方は空《から》にしておく。ワインの入った容器を熱すると気化したアルコールの蒸気が管を通って空の容器に入り、それが凝縮して純粋なアルコールの液体となる。この装置のおかげで、アルコール度数の低い酒を度数の高いスピリッツに変容させられるようになったのだ。アラビアの錬金術師たちは蒸溜によって得た液体を「アル＝コル al-kohl」と呼び、これが英語の「アルコール alcohol」になった。彼らはすぐに、このスピリッツに薬草の葉や根やスパイスを加えれば薬酒としての効果が期待できると気づくことになる。

11世紀ごろに蒸溜法が西アジアからヨーロッパ（厳密に言えばイタリア半島）に伝わると、修道士や医師たちも同じ方法で薬酒を作ろうと考えた。だがひとつだけ、それも大きな問題があった。ヨモギ、竜胆《ゲンチアン》（リンドウの根茎を乾燥させたもの）、キナノキの樹皮などから作るさまざまな生薬はものすごく苦いのだ。そんなものを混ぜたスピリッツをどうやって飲めと言うのか？

その答えは、十字軍に参加して聖地に向かった西欧世界の兵士の帰還によってもたらされた。彼らはふるさとへの土産にサトウキビを持ち帰ったのだ。初めのうちは、このサトウキビを精製して得られる甘味は裕福な人々しか口にできなかった。しかし製糖技術が進歩し広まったことで、砂糖

リービッヒ肉エキス会社が発行した「有名な化学者」シリーズのトレーディングカードの1枚にはゲーベル（ジャービル・イブン・ハイヤーン）が描かれている。1903年。

は次第に庶民も手に入れられるようになり、ハチミツにかわる甘味料として好まれるようになる。はっきりした記録はないものの、最初のリキュールを作ったのは中世の錬金術師アルナルドゥス・デ・ビラノバ（1240－1311年頃）だとされていて、おそらくブランデーをベースにして砂糖を加えた薬酒だったのだろう。ビラノバは彼の薬酒をラテン語の心臓や心に関連する言葉コルディアリス（cordialis）から「コーディアル（cordials）」（強心剤）と呼んだ。コーディアルはそれまでの薬酒より苦味が少なくて飲みやすかっただけでなく、それを飲んだ患者をいい気分にさせる効果もあった。

ビラノバはワインを蒸溜したブランデーをベースに使って彼のコーディアル（つまりリキュール）を作ったが、ベースはラムでもジンでもウイスキーでもテキーラでもいい。できあがったリキュールにはそれぞれのベースとなったスピリッツの原料――ラムなら糖蜜、テキーラならアガベ——のフレーバーがほのかに感じられるが、それらのスピリッツはあくまでも生薬を飲みやすくするためのわき役であり、主役ではない。どれだけ砂糖を加えるか、どんな生薬を使うかを工夫することで、できあがるリキュールはそれぞれの原料の総和以上の価値をもつことになる。

時代とともに蒸溜技術やリキュールの製法が進歩し、消費者の意向が重視される社会に変化すると、リキュールは強壮薬というより嗜好品としての役割を果たすようになった。1500年代にヨーロッパ諸国で大航海時代が始まると世界中から珍しい果物やスパイスが入手できるようになり、それらがアルコールや砂糖と組み合わせられることになる。国と国との政治的かけひきが、間接的とはいえリキュールの流行に影響することもあった。イタリアの貴族メディチ家の令嬢カトリーヌ・ド・メディシスは、将来のフランス国王アンリ2世と結婚するさいに自分の好みのリキュールをフランスにもたらしている。ピエール・デュプレが1866年に出版した『リキュール製造とアルコ

クレーム・ド・カカオのボトル。1950年代頃。

ールの蒸溜に関する考察 *Traite de la fabrication des liqueurs et de la distillation des alcools*』に書いたように、カトリーヌの宮廷は、

フランスに多くのイタリア人を招きよせ、そのイタリア人たちは王妃の母国の洗練された料理とその調理法をもたらした。そして彼らはパリで初めて洗練されたリキュールを製造し販売したのだ。

その後もヨーロッパ世界ではさまざまな変化が起こり、新世界でもアメリカ合衆国の社会や経済の構造が確立し発展したことにともない、リキュール産業は大いに発展することになる。封建制度の崩壊とともに社会は階層化し、革命を経験し、産業の発展と技術革新の時代を迎えた。新たに出現した中流階級はこうしたもろもろの変化の恩恵に浴することになる。彼らは金銭的余裕を得られるようになっただけでなく、その金銭を使って楽しむための時間をも手に入れたのだ。リキュールを売る店ができ、いつでも自宅で客にふるまえるようになった。仲間との集いの場所になっていたカフェでは、崇高な理想について声高に議論する知識人のグラスに甘いリキュールが注がれていた。コーヒーハウスでは、友人グループが集まったパーティーの席でリキュール入りのパンチのボウルをかき回す光景が見られた。高級レストランは、食前食後に味わうためのリキュールのリストを用意していた。

「ゲームの準備 *Getting Ready for a Game*」キャンバスに油彩。カール・ラーソン。1901年。後方に描かれた女性が触れているリキュールのボトルはベネディクティンのようだ。

1800年代後半にカクテルの人気が高まると、それはリキュールの特徴を最高に活《い》かす飲み方として広く知られるようになった。それまでリキュールはそのまま少しずつ味わうか、パーティーなどで大勢にふるまわれる飲物のパンチに少し加えるかするものだった。しかしカクテルの流行をきっかけに、リキュールはさまざまなカクテルの主要な材料になったのだ。カクテルのほとんどは3、4種類の材料が使われていた。マラスキーノ［サクランボのリキュール］を加えないマティーニは一味たりなかっただろう。キュラソー［オレンジのフレーバーをつけたリキュール］の入っていないニッカボッカーも物たりない気がしたことだろう。歴史に名を残す有名なカクテルに使われたリキュールもあった。ネグローニ

The Skyeman

No. 1 MONDAY, APRIL 24, 1893 PRICE 1d

THE BIRTHPLACE OF DRAMBUIE

Broadford hotelier registers liqueur at Trademarks Office

For well over a 100 years Drambuie has been produced commercially and is now exported to over 100 countries worldwide. Wherever this classic Highland liqueur is enjoyed it is famous not only for the unique taste and golden colour, but also for its romantic link with Scotland's dramatic past.

The beginnings of this remarkable business venture began right here on the Isle of Skye, with the enterprise of one man, James Ross [pictured left]. Apart from serving the local community of southern Skye on various boards he was a well respected local businessman and farmer who ran the Broadford Hotel in the late nineteenth and early twentieth century.

Several years before, an old recipe had been given to his father by a family friend and James had eventually decided to try and make it up. The recipe is understood to have originally come from a French officer who was part of the retinue of Charles Edward Stuart during the unsuccessful attempt on the throne which ended at the battle of Culloden in 1746.

A NEW LIQUEUR IS BORN

For many years James had been refining and perfecting the liqueur at the hotel, changing the original brandy base to whisky, and experimenting with the recipe until it was finally to his liking.

In April 1893, with the hearty approval of the local clientele, he decided to trademark the result of all his hard work. And so Drambuie, as he had now decided to call the liqueur, was born and was about to be introduced to a much wider and very appreciative public.

リキュール「ドランブイ」の起源を伝える1893年4月24日付のスカイマン紙の記事。

に使われたカンパリ［苦味の強いリキュール］、ヴューカレに使われたベネディクティン［ブランデーベースの薬草系リキュール］、ラスティネイルに使われたドランブイ［モルトウイスキーベースのリキュール］などがそうだ。

ここ30年ほど、伝統的なカクテル文化をよみがえらせようとするカクテル・ルネサンスが起こり、製造中止になっていたリキュールを復活させたり、今あるリキュールを改良したりする動きが見られる。昔ながらのリキュールと並んで魅力的な新製品の発売も続き、カクテルの新作も次々に生まれている。かつては原産地でしか買えなかったリキュールも多かったが、今はインターネットのおかげで世界のどこからでも手に入れられるようになった。

リキュールを飲むということは、スピリッツの長い歴史を味わうことだ。蒸溜という行為が生まれなければスピリッツは存在しなかった。蒸溜酒ができても砂糖が手に入らなければ、リキュールは生まれなかった。歴史をふりかえれば、リキュールはある意味、嗜好品としての他のすべての飲料の原型と言えるかもしれない。だがそれは、製造するための原型というだけではない。私たちがスピリッツを口にする理由——飲めばおいしいし楽しくなるから飲む、という理由——が、リキュールとともにすでにそこにあったのだ。

人間は喜びを求める生き物だ。誰もが毎日の生活をより楽しくしたいと願っている。いろいろな形の喜びを追求する私たちの心を満たすこと、それこそが何世紀もの昔からリキュールが果たしてきた幸福な役割だ。食前酒として、食後の余韻を楽しむための酒として、あるいはカクテルの材料として、ポンスレの巧みな表現を借りれば「一片の音楽」であるリキュールは、それを口にするたびに私たちに喜びを与えてくれる。要するに、リキュールは不滅なのだ。人間が生きる上で欠かせないものを与えるのだから。砂糖とアルコールを組みあわせたそれが、人類が誕生以来ずっと持ち続けてきた、楽しみたいという素朴な欲求を満たすものなのだから。

第1章◉砂糖・蒸溜酒・スパイス

ワインを蒸溜すると太陽のしずくが生まれる。
アラビアの医師、哲学者　アル＝キンディー

たまたま、どこかで初めてアルコールを含む飲料を口にした人類は、その液体がもたらした陶酔をどう感じたことだろう。「たまたま」と書いたのは、人類が初めて口にしたアルコールはおそらく偶然に、自然の力で糖分がアルコールに変化する醱酵作用によって生じたものだったと思われるからだ。大昔の人間にとって、醱酵はまるで魔法のように思われたはずだ。だがさらに驚くべき蒸溜という技術は、自然の力ではなく人間の工夫によって生まれたものだった。醱酵によって生じたアルコールを抽出し、その濃度を高める蒸溜技術を人類が手にしたおかげで、現代の私たちが知る蒸溜酒（スピリッツ）の広大な世界があるのだ。これから始める物語の主役は、そのスピリッツの中でもリキュールと呼ばれるものである。

リキュールはどれもアルコールを含むスピリッツだが、スピリッツがすべてリキュールというわ

スペイン、バレンシア地方の洞窟の壁に描かれた「ビコープの男（*Man of Bicorp*）」には、ハチミツを採っている場面が描かれている。紀元前8000－6000年。

けではない。スピリッツをリキュールにするのに欠かせないもの——つまり両者を差別化する要因——、それは何らかの甘味料だ。もちろん、ベースとなるスピリッツなしではリキュールはできないが、リキュールが甘く魅惑的な美酒になるにはスピリッツに糖分（と、味にアクセントをつけるための薬草やスパイスなど）を加えることが必要なのだ。

偶然に醗酵作用を知り、その後に蒸溜という手段を考案するずっと前から、人類は甘い味の存在を知っていた。ハーバード大学で進化生物学の教授を務めているダニエル・リーバーマンはその著書『人体６００万年史——科学が明かす進化・健康・疾病（上）（下）』［塩原通緒訳。早川書房。２０１５年］で、私たちが甘味を求める性向はすでに人類の祖先にもあったと指摘している。人類に最も近い種である類人猿も甘味を好むよう進化したが、それは甘い物を食べればすぐにエネルギー源となり、そのうえ脂肪として体内にたくわえることで食料不足に見まわれたときにも生き残る確率が高まるからだ。霊長類の祖先がそうしたおかげで、人間の身体も生まれながらにして糖分はすぐにエネルギーになることを記憶しており、赤ん坊でさえ甘い味を欲しがることになる。あなたが甘い物に目がないとしたら、それは人類誕生以前の、はるかな先祖のせいなのだ。

リキュールに含まれる甘味のもとがサトウキビやサトウダイコンから作るショ糖であれ果物やハチミツがもつ果糖であれ、リキュールを他の酒類と区別するのは糖質の有無だ。したがってジンの物語にジュニパーベリー（セイヨウネズの木の果実）の話が、ラムの物語に糖蜜の話が欠かせないように、リキュールの起源を知るためには人間の食生活における糖質のおおまかな歴史を知っておく必要がある。人類が最初に知った甘味料はハチミツだった。紀元前8000年から紀元前6000年のあいだのどこかでスペインのバレンシア地方の岩壁に描かれた「ビコープの男」には、ハチミツを採っている人間の姿が見られる。別の地ではこの絵が明らかにしたハチミツ採集とほぼ同時期に、精製したものではなかったかもしれないがサトウキビの糖分が摂取されていたことも明らかになっている。パプアニューギニアでは紀元前8000年頃にサトウキビが生育しており、そこに暮らしていた人間がそれをかじっていたことを示すDNAサンプルが発見されているのだ。やがて島を出て海洋に漕ぎだした船乗りたちは、サトウキビの栽培を東アジアとインドに伝えることになる。

ペルシアのダレイオス1世は紀元前518年頃にインドを侵略してサトウキビに出会い、すぐにそれがもつ価値に気づいた。王はそれを「ハチがいなくてもハチミツをもたらすアシ」と呼んだと伝えられている（これはアレクサンドロス大王の将軍ネアルコスの言葉だとする説もある）。大いに喜んだダレイオス王はそのアシを持ち帰って栽培させ、インドからエジプト、エーゲ海地域にまで拡大したペルシア帝国の全土に広めた。

ペルシアはギリシアを征服することができなかったが、ギリシア人はペルシアのサトウキビを採り入れ、それを水薬に加えて飲みやすくしていた。1世紀ギリシアの医師で植物学者だったディオスコリデスは5巻からなる大著『薬物誌 *De materia medica*』で砂糖の健康効果について次のように記している。

インドやアラビアからもたらされたアシに含まれ、砂糖と呼ばれている甘味料は……見た目は塩に似ていて口に入れれば溶けていく。水に溶かして飲めば胃腸の働きを助け、膀胱や腎臓の痛みに効く。

私たちがここで注目すべきは「水に溶かして飲めば」という表現だ。砂糖を水に溶かして飲むという治療法が、薬草などを溶かしこんだ強壮薬の苦味を隠す必要と相まって、リキュールの先祖となった甘味のある強壮薬コーディアルへと進化したのである。

アラブ世界では650年ごろにはすでにサトウキビの栽培、砂糖の精製、砂糖を使った調理が行われていた一方、西ヨーロッパではさらに500年近いあいだ、甘味をハチミツに頼るしかなか

砂糖の製造工程を描いた作者不明の版画。16世紀頃。

った。1099年になってやっと、イスラム教徒の手からキリスト教の聖地を奪うために東方へ向かった第1回十字軍の兵士たちが、サトウキビから採れる「甘い塩」を西洋に持ち帰ったのだ。当初はサトウキビから精製した砂糖は高価で、裕福な人々しか口にできなかった。イタリア半島のヴェネツィア共和国はイスラム世界との交易がさかんだったので、西ヨーロッパ向けに砂糖を輸出する中心地になった。ヴェネツィア商人たちは白い黄金とも言うべき砂糖の価値を見抜き、中欧および東欧地域に砂糖を輸出するために専用の保管倉庫を建造した。

サトウキビとその精製技術の発見は、図らずもリキュールが生まれるために不可欠の要因となった。しかしリキュールが誕生するには、砂糖の発見よりもっと重要で複雑な要因が必要だった。蒸溜技術だ。砂糖の有無はリキュールと

休日をイメージしたプース・カフェ（層状のカクテル）。下からクレーム・ド・マント・グリーン、シナモン・シュナップス・レッド、透明なペパーミント・シュナップス。

他のスピリッツとを区別するための要件だが、蒸溜は醸酵酒とスピリッツ（蒸溜酒）とを区別する要件である。人類が醸酵という現象を知ったのは、まず間違いなく偶然だった。酵母菌が生きるために身近にある糖分を摂取し、結果としてアルコールを作っただけのことだ。しかし蒸溜には、醸酵によってできたアルコールを含む液体を、よりアルコール濃度の高いスピリッツに変容させるための装置が必要であり、それを使いこなす技術が必要だった。蒸溜の初期には神秘主義が深くかかわっており、蒸溜によって生みだされた強壮薬コーディアルも超自然的な魅力をまとっていた。

◉「燃える水」

現在のほとんどの歴史家は、近代的な蒸溜は9世紀にアラビアの錬金術師たちが改良を重ねたアランビック蒸溜器から始まったという見解で一致している。錬金術師の多くは医師と薬剤師の仕事も兼ねており、黄金は健康をもたらすものと考えていた。非金属から黄金を作ろうとする彼らの試みには、永遠の命の追求という超自然的な目的があったのだ。その目的を達する手段として彼らが求めていたのが「賢者の石」だったが、それはどうやら石というより神秘的な粉末か液体だったらしい。そしてその液体から不老不死の妙薬ができると考えられていたのだ。この妙薬の名は「命の水」とも「燃える水」とも呼ばれていて、それを得ることが彼らの究極の目標だった。

錬金術により非金属から生じた黄金を飲めば永遠の命が得られるという考えの先に、不老不死は無理かもしれないが黄金を入れた液体を飲んでおけば身体に良いと考える風潮が生まれ、その考えは16世紀になっても広く信じられていて、イタリアのアクア・ドーロ（黄金水）やロゾリオ（太陽のしずく）などのスピリッツには柑橘類やスパイスやバラの花びらのほかに金箔が加えられていた。現にダンツィガー・ゴールドワッサーというリキュールの製造者が所有していた1606年のレシピには、22カラットの金箔が含まれていた。

ヨーロッパが神秘主義に染まって科学の進歩に後れをとっているあいだに、アラブ世界は科学の黄金時代（800－1258年）を迎え、イスラムの科学者たちはエジプト人やギリシア人から学んだ蒸溜技術を改良していた。そして当初の目的だった「賢者の石」のことはさっさと忘れて、彼らが考案した蒸溜器でスピリッツを作る手法は植物の花や葉などに含まれる香油を抽出し、保存するのに最適だと気づいたのだ。そこから発展してさまざまな医薬品、消毒薬、香水、染料などが生まれた。アラブ人は蒸溜そのものの発明者ではない――基本的なプロセスは紀元前5世紀頃には

現代の「ダンツィガー・ゴールドワッサー」の広告。

発見されていたらしい――が、彼らがそれに改良を加え、スピリッツをベースとするすべてのリキュールへの道を開いたことは間違いない。

9世紀に始まるイスラム科学の黄金時代の先駆けとなったのはペルシアの偉大な学者であり錬金術師でもあったジャービル・イブン・ハイヤーン（ゲーベル）（721－815年）だった。彼は気体の凝結作用を使ってよりアルコール度の高い液体をワインから取りだそうと考え、そのために従来の湯煎式蒸溜器（ユダヤ人の女錬金術師マリアが発明した）を改良して、現代のすべての蒸溜器の原型となるアランビック蒸溜器を開発した。ジャービルの後継者でやはり優れた科学者だったアル＝ラーズィ（854－932から935年頃）はアルコールの一種エタノールの抽出に成功した。リキュールはすべてこのエタノールを原料としている。彼はこれを「アル＝コル」と呼んだ。アルは冠詞、コルはアラブの女性たちが目のふちどりに使う化粧品で、個体の鉱物を熱して気体にしたのちに得られる黒い粉末をさす。やがてこの言葉は蒸溜によって得られるものすべてを意味す

『錬金術 *The Three Books on Alchemy*』（1531年）ジャービル・イブン・ハイヤーン著。

るようになり、現在の「アルコール」という名詞になったのだ。

ゲーベルやアル＝ラーズィとは異なり、この章の冒頭で「ワインを蒸溜すると太陽のしずくが生まれる」という発言を引用したアル＝キンディー（８０１－８７３年頃）は、蒸溜によって何ができるかを広く知らせることを重視した。それは彼の著書『芳香と蒸溜の化学 *The Book of the Chemistry of Perfume and Distillations*』を見れば明らかだ。そこには、のちに西洋人が売り出すリキュールのもとになったであろう１００以上のレシピが書いてあった。アル＝キンディーに続いて哲学者であり医師であったイブン＝スィーナー（ラテン語ではアウィケンナ）（９８０－１０３７年）が現れた。このすぐれた医師は蒸溜酒の芳香より治療薬としての用途に注目し、とくに心臓病に効くとして『心臓の治療薬 *Medicamento cordialia*』を著した。「心臓」を意味するラテン語「コル cor」を語源として生まれたのが「コーディアル」という名詞で、これが、そもそも医薬品として誕生したリキュールの最初の呼び名であり、今でもリキュールと同じ意味でコーディアルが使われることがある。もっともイギリスでは、コーディアルはローズ社の「ライムコーディアル」のようなノンアルコールの甘いシロップやドリンクをさすようになっている。

イスラムの支配がヨーロッパ西部に拡大した7世紀になると、地中海沿岸地域とくにイスラム王朝支配下のスペインや南イタリアにイスラムの科学知識が伝えられた。イタリア南部サレルノでは9世紀にサレルノ医学校が設立され、ヨーロッパ人もイスラム医学に接するようになった。記録によれば、この町で蒸溜のより進歩したスタイルである分別蒸溜（分留）が始まったということだ。

イタリアで最も古く、世界でも有数の古さを誇るサンタ・マリア・ノヴェッラ薬局。1221年設立。

分別蒸溜をすれば、より高濃度のアルコールが得られる。それだけでなく、得られたスピリッツには原料の醸造酒がもつ植物由来の芳香がより純粋な形で表れるのだ。

サレルノ医学校から生まれた初期のコーディアルの処方に、イタリア人錬金術師マギステル・サレルヌスが12世紀に考案したものがある。彼は「純粋で非常に強いワインと4分の3の量の塩を混ぜて蒸溜すると、火をつければ炎を出して燃える液体ができる」と語ってそれを「燃える水（アクア・アルデンス）」と名づけた。これはオランダ語で「燃えたワイン」を意味する「ブランデウァイン」となり、オランダその他の地域に伝わって初期のコーディアルやリキュールのベースになる。

1492年まで国土の一部がイスラム教徒の影響下にあったスペインでは、カタルーニャ地方出身の医師アルナルドゥス・デ・ビラノバが蒸溜技術とリキュールをさらに進化させた。神秘主義に立ちかえった彼は、自分が蒸溜したリキュールについて「これにふさわしい名前は命の水である。なぜな

食虫植物モウセンゴケ。丸い葉をもつこの植物は古い時代のロゾリオ・リキュールに溶かしこんであったと考えられている。

らこの水は不死をもたらすものなのだから」と明言している。この命の水を「若返りの泉」だと思いこんでいた彼は間違ってはいたが、彼と弟子のラモン・リュイ（1232－1316年）は、スピリッツから初めて医療用の強壮剤を作った。彼は、ピエール・デュプレが『リキュール製造とアルコールの蒸溜に関する考察』に書いたように、その強壮剤を「神が授けた驚嘆すべき水」と呼んだ。そもそもは単にブランデーと砂糖から作ったものだったが、その「聖なる水」にはやがてレモンとバラの花とオレンジの花の香りがつけられることになる。

やがてコーディアルは医学校から修道院へと広まった。修道院にはイスラム文化とギリシア文化がもたらした医療も保たれていた。まずイタリアの修道士たちが蒸溜酒から強壮剤を作りはじめ、そこからヨーロッパにおけるリキュール製造が広まった。1221年、フィレンツェ郊外にドミニコ会の修道院が建設された。のちにサンタ・マリア・ノヴェッラ薬局となるその修道院では、修道士たちが医薬品にとどまらず、裕福な人々のために香水やリキュールの製造も行っていた。そこからほど近いトスカーナのゆるやかな丘陵地帯には、1313年にベネディクト会のモンテ・オリヴェート・マッジョーレ修道院が建設された。そこで作られる強壮剤「フローラ・ディ・モンテ・オリヴェート」はスピリッツに23種のハーブを煎じて加え、6か月間熟成したものだった。あらゆる疾病に対処できるように、修道士たちは周辺からさまざまな薬草を集めて大規模な薬草園を作た。

イスラム文化から蒸溜技術を学んでいたイタリアでは、14世紀にはリキュール製造業が芽ばえていた。そして大航海時代の幕開けとともに、ヨーロッパのリキュール製造者たちは砂糖とスパイスを容易に入手できるようになる。

◉スパイスの時代

蒸溜がリキュール誕生の基礎で、砂糖がそこに建った家だとすれば、スパイスやさまざまな植物性の原料は家の中の家具だ。家具がなければ家はからっぽだ。東方世界におけるスパイスの使用は、古代エジプトで紀元前1550年頃に書かれた医学書エーベルス・パピルスや紀元前6世紀にサンスクリット語で書かれた医学書スシュルタ・サムヒタに見られる。それらの書物にはシナモン、ナ

リキュールに使われているスパイス。上列左からシナモン、スターアニス（八角）、ショウガ、メース。中央左フェンネルシード、中央右グリーンカルダモン。下列左からコリアンダーシード、アニスシード、クローブ、オールスパイス、ナツメグ。

ツメグ、クベブペッパー［ジャワ島産のコショウ科の植物の実］、カルダモンなどのスパイスの名があるのだ。こうしたスパイスはどれも、医療用のコーディアルに使われ、のちにはイタリアのロゾリオ、ドイツのキュンメル、フランスのシャトルーズなど嗜好品としてのリキュールのレシピに入ることになる。

紀元前5世紀、ペルシアのダレイオス1世は「王の道」として知られる約2500キロにもおよぶ街道網を建設した。この道は現在のイランからトルコの一部を結び、さらにはメソポタミアからエジプトまで延びていた。その後、この道の多くの部分は中国の漢王朝の時代に整備された有名な「シルクロード」の一部となった。これは中国から中央アジアを経てインドからアラブ世界、さらにはギリシアに至る道だ。

これらの道は交易に使われただけではなく、各地の文化や知恵が出会う交流の場でもあった。残念なことに、ペストなどの悪疫を伝えてしまうこともあったのだが。時代は遠く隔たっているが、この道が現代のグローバル経済の第一歩をきざみ、現代の私たちにもさまざまな影響を与えていると言えるかもしれない。「シルク」と名づけられてはいるが、陸海にまたがるこの街道では絹だけではなく、スパイスも運ばれていた。中国のクローブ、東南アジアのショウガ、スリランカのシナモン、インドのカルダモンとコショウ、モルッカ諸島［インドネシア東部にあってスパイス諸島とも呼ばれる島々］のナツメグなどは大いに珍重された交易品だった。

4世紀以降、スパイスを運ぶペルシア湾内の海上ルートはイスラム教徒が握っており、イスラムの支配下にあったスペイン南部や、イタリア半島のヴェネツィアおよびジェノヴァの港もイスラム教徒が使用していた。このようにイスラム教徒がヨーロッパ世界に政治的、経済的、社会的に多大な影響を与えている状況は、キリスト教徒にとっては受けいれがたいことだった。なんとしても異教徒から聖地エルサレムを奪回したいと考えるキリスト教徒たちは1095年から1291年にかけて聖地に何度も十字軍を送りこんだ。

十字軍の遠征は、本来なら共存することのないはずの3つの理由——贅沢《ぜいたく》、医療、宗教——で、リキュールの発展に思いがけない転機をもたらすことになる。遠征から砂糖とスパイスを持ち帰った十字軍兵士は、ヨーロッパ北部にもそれらの贅沢品の存在を伝えると同時に、それが医療や食品の保存にも利用できることを知らせた。コショウのようなスパイスは非常に高い価格で取り引きされていたので、現金のかわりに家賃や税金、持参金などの支払いに使われることも多かった。当時のイングランドで「彼はコショウがない」と言えば、「彼は甲斐性なしだ」という意味だった。

東方から運ばれてくるスパイス類を受けいれる玄関口はイスラムの影響の強いスペインとイタリアの港湾だったので、ヨーロッパの商人たちは自分たち独自の流通ルートを築いてスパイス貿易を支配したいと強く望んでいた。そうした状況下にあった1453年、オスマン帝国はコンスタンティノープルを陥落させ、イスタンブールと改称する。ヨーロッパとアジアの中間に位置するイスタンブールを手中におさめたことで、オスマン帝国は地中海交易において圧倒的に有利な立場を手にした。そして地中海交易を禁ずることはしなかったものの、スパイスに高い関税を課した。

ヨーロッパ諸国としては支払えないほどの額ではないものの、関税など支払いたくはなかった。キリスト教徒である彼らは、スパイスとそれを利用して作るものを自分たちの支配下におきたかった。スパイス交易の支配権をアラブ人の手から奪いたかったのだ。そのため、ヨーロッパ諸国は大航海時代に、イギリスの歴史学者ニーアル・ファーガソンが著書『文明——西洋が覇権をとれた6つの真因』［仙名紀訳。勁草書房。2012年］で「スパイスレース」と呼んだ時代に突入したのである。

西洋世界でリキュールを最初に作ったのはイタリアだったが、ヨーロッパ諸国が熱心に海外に乗りだした大航海時代においてはいくぶん影が薄かった。大航海時代は明らかに大西洋に面した国々の競争であり、イタリアには関わりがなかったのだ。だからイタリアの船が大西洋に漕ぎ出ることはなかった。もっともスペインの船で旅立ったクリストファー・コロンブスと、ポルトガル船で航海に出たアメリゴ・ヴェスプッチはイタリア人だったのだが。

まっ先にスパイスと砂糖（当時はスパイスの一種とみなされていた）を求めて航海に出たのはポルトガルだった。早くも1418年にはポルトガルの船乗りがマデイラ諸島のひとつにたどりつき、エンリケ航海王子はそこでサトウキビを栽培させて他国に一歩先んじた。1498年になるとヴァスコ・ダ・ガマが東進してインドに至るルートを開いて砂糖や各種スパイスの入手を可能にした。続いて1500年にはペドロ・カブラルがインドへの航海の途中で強風により大きく航路をはずれた結果、偶然ブラジルを発見した。彼は船にサトウキビを積んで航海に出ており、たまたまブラジルの気候がその生育に適していたため大規模な栽培が可能になった。これがきっかけで西半球のサトウキビ栽培が始まり、1625年にはブラジル産の砂糖がヨーロッパの需要の大半を満たすようになる。ブラジルの植民地化に着手したポルトガルは、さらにインドネシアとニューギニアのあいだにあるモルッカ諸島（スパイス諸島と呼ばれた）に目を向けたが、そこはアラブ人の支配下にあった。インドとのスパイス交易をすでに行っていたポルトガルは、モルッカ諸島との交易も支配したいと考えた。モルッカ諸島にはほかでは手に入らないナツメグ、メース、クローブ、コショウなどのスパイスがあったのだ。アラブ人はその島々の正確な位置を秘密にしていたが、ポルトガル人は1512年にマレー半島の西岸にあってポルトガル支配下にあった港湾都市マラッカの船乗りから情報を得て、モルッカ諸島へ向かいスパイス交易を手に入れた。さらにポルトガル人は、1518年にセイロン（スリランカ）にシナモンがあることを知り、そこも手中におさめた。モルッカ諸島とセイロンを支配下に置いたことで、ポルトガルはコショウ、クローブ、ナツメグ、メース、シナモンを直接ヨーロッパに仕入れる独占的な地位を確立したのである。

スペインも負けてはいない。1492年には、スペインの航海者たちも競争に加わった。共同統治者フェルナンド2世とイサベル1世に雇われたコロンブスはスペイン船に乗り、西回りでアジアに向かうつもりで大西洋に船出した。しかし彼らはアジアに到達する前にアメリカ大陸と出会うことになった。正確に言えば大陸の手前、今はドミニカ共和国とハイチになっている島に着いて、そこをイスパニョラ島と名づけたのだ。コロンブスが船に積んできたサトウキビをその島に植えたことをきっかけに、カリブ海域のスペイン植民地における製糖業が始まることになる。

1494年、ふたたび航海に出たコロンブスはジャマイカ島でジャマイカン・ペパーとも呼ばれるオールスパイスと出会う。このスパイスが16世紀のヨーロッパの料理や薬酒にシナモン、クローブその他のスパイス類が使われるようになるきっかけとなった。オールスパイスと名づけられた理由は、シナモン、ナツメグ、アニスの特徴を合わせもっているからだ。ジャマイカでこのスパイス

セントエリザベス・オールスパイス・ドラム・リキュール。

をラム酒に漬けこんで作られたリキュールはピメント・ドラムと呼ばれ、20世紀からは多くのトロピカル・カクテルに使われている。

イスパニョラ島やジャマイカ島などに築かれたスペインの植民地は、16世紀から19世紀まで続いたいわゆる三角貿易の拠点のひとつになっていた。この三角貿易は、アフリカから船に乗せて連れてきた奴隷をカリブ海植民地のサトウキビ農園などで働かせ、サトウキビから作ったラム酒などをアフリカの植民地やヨーロッパに輸出するという、非人道的な仕組みだった。

◉その他の珍しく貴重な産物

スペイン船で航海に出たコロンブスはもちろん有名だが、リキュールとの関連から見れば、コロンブスに続いてカリブ海まで航海したスペインの航海者アロンソ・デ・オヘダのほうが重要だろう。1499年、オヘダはのちにキュラソー島と名づけられる島を植民地化した。スペイン人植民者たちは母国からもってきた甘い実をつけるバレンシア・オレンジの木をその島に植えたが、収穫した果実はとても食べられたものではなかった。キュラソー島の土と気候はバレンシア・オレンジの木の生育には適さず、変種（今はララハと呼ばれている種）を作りだしていたのだ。

植民者たちは酸味が強すぎてとても食べられないララハを捨ててしまった。しかしスペイン人の失敗がオランダ人にとっては恩恵をもたらすことになった。1634年、キュラソー島のスペイン

ラ
ラハオレンジの実。

人植民地を攻撃してその島の支配権を手にしたオランダ人入植者は、苦いララハの皮を干したものはとても良い香りがすることに気づいたのだ。その芳香を放つドライピールの苦味に砂糖を加えると、絶妙のバランスを備えたオレンジリキュールが出来あがった。これがオレンジキュラソーだ。初めてオレンジキュラソーが商品化されたのは、もちろんオランダでのことだった。オレンジキュラソーとそれに似たフランス産のリキュールであるトリプルセックは、今や何百もの有名なカクテルで主要な役割を果たしており、バーカウンターの後ろの棚に欠くことのできないリキュールとなっている。

1519年にはスペインからやってきたエルナン・コルテスがメキシコに上陸した。先住民アステカ族はコルテスとその部下たちにカカオ豆とバニラで作ったチョコレート・ドリンクをふるまったと伝えられている。それより早い1502年にコロンブスがカカオとバニラを発見していたとの説もあるが、それらをヨーロッパに持ち帰ったのはコルテスだった。ヨーロッパの富裕層は初めて知ったそのフレーバーのとりこになり、カカオとバニラもリキュールに使われるようになった。カカオを使ったクレーム・ド・カカオというリキュールは、チョコレートそのものというよりはバニラとココアを合わせたようなフレーバーをもっている。このリキュールはグラスホッパー［ミントとカカオのフレーバーをもつ緑色のカクテル］、アレクサンダー［生クリームとクレーム・ド・カカオを使うカクテル］、ピンク・スクァーレル［アプリコット・リキュールとクレーム・ド・カカオを使う甘いカクテル］などには絶対に必要だ。バニラはトゥアカやベイリーズ・アイリッシュ・クリームなどのリキュールに使われている。

コルテスによる新しい味の発見には、アステカ族の大きな犠牲が伴っていた。スペイン人たちは先住民に伝染病をもたらし、さらに侵略戦争をしかけてアステカ族を絶滅に追いこんだのだ。アステカ帝国の滅亡は、ヨーロッパによるアメリカ大陸植民地化の暗部のほんの一例に過ぎない。希少

カカオの木の実をもつ男。アステカ。1440－1521年。コルテスが訪れたとき、アステカの人々はすでにチョコレートの飲物を飲んでいた。

価値のある新大陸の産物に対するヨーロッパ人の欲望のせいで、さらなる悲劇が加速されていくことになるのだ。

初期に新大陸に進出したスペインとポルトガルは多くの利益を享受したが、その幸運は長くは続かなかった。ポルトガルは1580年に王位継承者をめぐる内紛のすきをついたスペインに併合されてしまい、植民地の支配権も奪われてしまう。スペインは、プロテスタント国になったイギリスをカトリック側に引きもどそうとして、イギリスに艦隊を送り戦争状態に突入する。イギリス同様プロテスタントに改宗してスペインから圧力を受けていたオランダは、イギリスと組んで戦いに加わった。そして1588年、イギリス海軍は無敵艦隊と呼ばれたスペインのアルマダに圧倒的な勝利をおさめる。イギリスと組んでスペインに勝利したことで、17世紀のオランダは貿易国として躍進し、リキュール生産国としても一大勢力となる下地を作った。しかし18世紀になると、今度はイギリスが国力を増し、「太陽の沈まない国」となってオランダにとってかわることになる。

第2章◉大航海時代から植民地主義へ

海を支配する者は交易を支配する。世界の交易を支配する者は世界の富を支配し、ひいては世界そのものを支配する。

サー・ウォルター・ローリー（1552－1618年頃）『船舶、錨、羅針盤の発明に関する論考』

ひとつずつ陶製活字を作って版を組む印刷法は1040年頃に中国で発明されていたが、西洋では、1450年にヨハネス・グーテンベルクが活版印刷を発明したことで、情報を得ることが格段に容易になった。日常的に使われている庶民の言葉で大量に印刷された安価な書物が、エリート層しか理解できないラテン語で筆写された高価な書物にとって代わった。聖書や世界地図も、政治的な論文も薬剤の処方も、あらゆる知識が印刷されて人々に届くようになった。人々がそうして知識を得たことで、世界と世界における人間という存在に関するまったく新しい、異端的ともいえる考え方も生まれることになった。

グーテンベルクの発明からまだ間もない１５００年には、早くもドイツの外科医ヒエロニムス・ブルンシュヴィヒが蒸溜により医療用の強壮剤を製造する解説書を出版している。ブルンシュヴィヒの著書『蒸溜によって自然物から成分を抽出する方法 *Liber de arte distillandi de simplicibus*』は専門家でなく一般人の読者を想定して書かれたものだった。この書物に記された２５０種以上の治療に使う「水」つまり蒸溜酒の処方には、エルダーフラワー（サンジェルマン・エルダーフラワー・リキュール）、ヘーゼルナッツ（フランジェリコ）、ブラックベリー（クレーム・ド・ミュール）のように現代のリキュールのレシピに含まれているものも多かった。ブルンシュヴィヒはさらに、それらの強壮剤に甘味をつければもっと飲みやすくなる、と付けくわえている。この本が多くの読者を得たことでレシピ本の出版がさかんになり、リキュールのレシピの普及や統一に重要な役割を果たすことになる。

ヒエロニムス・ブルンシュヴィヒが蒸溜について著した2冊目の書物『蒸溜術の書 *Liber de arte distillandi de compositis*』の16世紀初頭の版の表題ページ。

ブルンシュヴィヒが著書に記した花やナッツやベリー類は、宗教に関するルターの論文とはまるで無関係だと思われるかもしれない。しかしじつはどちらも、人々の考え方が大きく変化したことを示している。ルターの論文が人々に宗教に関する自分の姿勢を再考するきっかけを与えたのと同じように、レシピ本は人々が自分の文化的アイデンティティを明確に認識するきっかけを与えたのだ。そしてそれに加えて知的な人物は身分にかかわらず情報を手に入れ、それに基づいて行動できるようになったのである。ひとりひとりの人間は単にチェスのコマのような存在ではない。こうしたユマニスム（人文主義《じんぶんしゅぎ》）の思想はヨーロッパ全体に広がり、社会が大きく変わるための舞台をととのえつつあった。ルターが宗教界を揺さぶったのと同じように、新たに登場したユマニスト哲学者たちは、人生は自分がコントロールするものであり、問題があれば理性的な思考によって解決するべきだと人々に訴えたのだ。

宗教改革とユマニスムの高まりにより、人々は「私はどんな人間なのか」「私はこの世界で何をするべきなのか」「私の運命を定めるのは神なのか、それとも私自身なのか」などと否応なく考えるようになっていた。そうしたこと——宗教的なことにせよ、倫理的なことにせよ、個人的なことにせよ——を突きつめて考える風潮が、個人を尊重する社会への道を開くことになる。この世相があってこそ、リキュールが健康のために飲むものから個人が楽しむために飲む嗜好品へと変容していったのだ。

ボルス社の広告。1575年にアムステルダムで設立されたボルスは現存する最古の蒸溜酒ブランドだ。

◉低地諸国のリキュール事情

中世初期にイスラム諸国と直接交易していたイタリアは、ヨーロッパで最初にコーディアル（薬用の蒸溜酒）を作った国となった。しかし1400年代になると低地諸国――現在のオランダ、ベルギー、ルクセンブルクとドイツおよびフランスの一部をさす――の住人も蒸溜技術とスパイスの使い方が巧みになっていた。15世紀にオランダ中部で書かれた文書に「燃えたワイン」を意味する「ブランデヴァイン」の製造法が書かれている。これは12世紀のイタリアで製造された「燃える水（アクア・アルデンス）」を思い出させる言葉だが、今でいえばブランデーのことだ。ブランデヴァインは1600年代には「ジュネヴァ（オランダ語ではイエネーヴァ）」と呼ばれるセイヨウネズの木の実を使ったスピリッツのベースに使われていた。ジュネヴァ・リキュールはジンの先祖ではあるが同じものではなく、ウイスキーのようなフレーバーと植物系の複雑なフレーバーとを合わせもつリキュールだ。

当時はスペイン国王フェリペ2世が結婚を通じてオランダ国王も兼ねていたので、低地諸国もスペイン領だった。カトリック国であるスペインの支配下にはあったが、オランダ人の多くはカトリックに背を向け、勢力を拡大していたプロテスタントのカルヴァン派に改宗していた。当時プロテスタントはイギリスからその植民地のアメリカにも広まっていた。1568年、フェリペ2世はオランダのプロテスタントを異端として糾弾し、異端審問所を設立した。審問官たちの取り締まりは残忍をきわめたため、プロテスタントたちはついに闘争を決意する。オランダ国内でプロテスタントが勢力をもっていた北部7州は団結してスペインに挑み、八〇年戦争（1568－1648年）が開始された。1581年には7州がオランダ共和国として独立を勝ちとり、そこからオランダの黄金時代が始まることになる。

独立したオランダは大きな利益が期待されるスパイス・ルート［17世紀前半にインド洋を中心に東西を結び、熱帯アジア原産のスパイスを運んだ海上ルート］を支配する決意を固め、1596年に貿易船を送り出した。船は大量のスパイスを積んでもどり、オランダで勢力を拡大しつつあった貿易商たちを奮い立たせた。1602年、オランダ政府は貿易商たちの競争が公平公正に行われるように、「オランダ東インド会社」を設立した。東インド会社は国内で高まってきたスパイス需要を満たし、その供給ルートを確保するためにポルトガルの支配下にあったスパイス諸島を手に入れるべく、ポルトガルに戦争をしかけ（1602－63年）、東アジアと南アジアのスパイス産地を手中におさめた。

東インド会社の成功に気をよくしたオランダは、1621年に西インド諸島および南北アメリカ大陸との交易も支配するために「オランダ西インド会社」を設立する。西インド会社は西インド諸島での活動だけでなく、ブラジルを含む南北アメリカにアフリカから奴隷を運ぶ大西洋奴隷貿易にも加わった。さらにスペイン、ポルトガルによる西インド地域の貿易独占をくつがえすために、アフリカと南北アメリカのポルトガル植民地を占領する計画「グランド・デザイン」も立てた。

オランダ＝ポルトガル戦争中の1630年、オランダ西インド会社は、ブラジルに設置されてポルトガルに大きな利益をもたらしていた奴隷貿易と製糖業の基地を攻撃して奪取した。その後もポルトガルとの小競り合いは続いたが、ブラジルにあるサトウキビ農園は1600年代半ばまではオランダが支配していた。当時はオランダのアムステルダムにおよそ50もの製糖工場があり、ヨーロッパにおける砂糖の製造と販売を支配していた。オランダは最終的にはポルトガルによって1654年にブラジルから追いだされるのだが、四半世紀にわたり製糖産業を独占していたわけで、それによってオランダ国内のリキュール産業は急成長を遂げた。また1634年にはスペインが支配していたキュラソー島を攻撃して手に入れ、そこに生育するララハ・オレンジを使うオレンジキュラソーはオランダを代表するリキュールとなった。オランダの東インド会社および西インド会社に早くから所属していた会員企業の中でも、特に大きな利益をあげたのはボルス社――リキュール製造から始め、のちにジュネヴァで有名になる――だ。ボルス一族は1575年にアムステルダム

乾燥させたララハ・オレンジの皮。

でルーチェ蒸溜所を作った。ボルス社に残る資料によれば、初期のリキュールで目立つのは探検航海によってもたらされたスパイス類――シナモン、クローブ、ララハ・オレンジなど――を使ったものだ。ほかにもアニスフレーバーのアニセッテやクレーム・ダニス、ドイツ語名のキュンメルで知られているキャラウェイフレーバーのリキュールもあった。ボルス社の歴史にくわしいトン・フェルメーレンによれば、ボルス社のオリジナル・キュンメルはキャラウェイだけを使っていたが、他社のものはクミンやフェンネル、オリスルート（アイリスの根）などが含まれているとのことだ。

ボルス社がリキュールに使うクローブやシナモンなどのスパイスを容易に入手できたのは、創業者ルーカス・ボルスと西インド会社との関係によるところが大きい。1680年から1719年までのあいだ、ボルス社は他社をさしおいて西インド会社の有

シニア＆カンパニー社のいろいろなキュラソー。同社のキュラソーは今もキュラソー島でララハ・オレンジを使って作られている。

力な取締役たちに「素晴らしい水」（蒸溜酒）を提供していたのだ。その関係を利用してルーカス・ボルス自身も西インド会社の株主に加わり、それがまた港に届く商品を優先的に入手できる立場をもたらしていた。ルーカス・ボルスは何百種類ものリキュールを製造しただけでなく、その商品を広く国外に売りだすために西インド会社の一員になっていたのだ。

西インド会社設立の1年後にオランダが黄金時代を迎えたのは決して偶然ではない。オランダは1603年から1715年のあいだにヨーロッパでもっとも強力で豊かな国のひとつになり、新興の裕福な中流階級も含めた国民はその恩恵に浴していた。大部分の国民は、植民地から送られてくる砂糖やスパイスや珍しい果物などの贅沢品に手が届くようになっていた。

しかしこうした飲食に関する過度の豊かさは、カルヴァン派のプロテスタントを支持する国にふさわしいのか、という疑問もあった。そこで勤勉かつ実際的なオランダ国民は、基本的に質素な――十分ではあるがこれ見よがしの派手さはない――食生活と、過剰に贅沢な食事とのバランスをなんとかとろうとした。人生の節目になるようなときには、かならず決まったリキュールを飲むのがしきたりになっていた。赤ん坊が誕生したときには、エッグノッグに似た牛乳と溶き卵を使ったリキュールにスパイスを加えたカンディールを飲んで祝い、結婚式には花嫁の涙を意味するブロイストラーネンという名の金箔入りのリキュールを飲み、結婚後も夫はそれを飲んでは結婚の誓いを思い起こすのだった。こうした伝統は今も残っている。

◉大英帝国の建設

オランダとイギリスはともに新教を国教とするプロテスタント国であり、カトリック国スペインと敵対していたのだが、1600年代にはスパイスをめぐって争うようになった。そもそもこの両国は大航海時代と植民地主義には後れをとっていた。1492年にコロンブスがアメリカ大陸に到達して以後、スペインは今のメキシコ、ペルーの一部、カリブ海の島々やフロリダを植民地化していた。1498年にはヴァスコ・ダ・ガマがアフリカ南端を通過するインド航路を発見し、ポルトガルはブラジル、アフリカ、インドなどに植民地を築いていた。この時期、オランダは経済的発展をとげ、強力な海軍を備えるようになっていたが、残念なことにイギリスはすべてにおいて立ち遅れていた。

イギリスではペストの大流行によって財政が苦しくなり、人口が激減していた。それなのにイギリスの王族たちは1337年から1453年には百年戦争、1455年から1485年にはバラ戦争といった具合に2世紀以上にわたり戦争に明け暮れていた。海軍力で世界を制していたオランダとは異なり、イギリスは陸軍の整備に力を入れていた。1558年にエリザベス1世が王位に就くまで、海外進出は始まってもいなかったのだ。

プロテスタント国となったイギリスで王位についたエリザベス1世にとって、カトリック国スペインはイギリスを脅かすもっとも身近で大きな敵だった。そこでスペインの国益を損なうため、女王はフランシス・ドレークとウォルター・ローリーに命じて植民地から宝物を運んでくる船舶を襲わせる手段に出た。1587年、ドレークは黄金とスパイスを満載して東インド諸島［アジアとオーストラリアのあいだにあるインド洋と太平洋の島々］からの帰路についていたポルトガルの商船サン・フェリペ号を拿捕《だほ》した。ドレークはその1年後には、女王が恐れていたとおりイギリスに攻めこんできたスペインの無敵艦隊アルマダとの海戦で大活躍した。さらにドレークは、大西洋航路におけるスペインの支配権を奪っただけでなく、スペインが秘密にしていた航路に関する情報を手に入れて、のちにイギリスが本格的に海外に進出する基礎を築いた。

1592年、ドレークと同様に冒険家および探検家として知られていたウォルター・ローリーは、ポルトガル船マードレ・デ・デウス号を拿捕してドレークの成功に続いた。サン・フェリペ号と同じようにこの船の船倉もナツメグ、メース、コショウなどの宝の山だった。こうした成果を見た女

バンダ諸島でナツメグを干す村人たちの姿を描いた絵。ナツメグの製造販売会社ウォルターズの出版物より。20世紀初頭。

王は、この海賊行為とも言える事業を続ければ莫大な利益が得られることを悟り、海上貿易の支配に本格的に乗りだす決意を固める。そしてオランダ東インド会社が設立される2年前の1600年に、イギリス東インド会社が女王の特許状を得て設立されることになったのだ。しかし1603年にエリザベス1世が死去したこと、1642年から1651年にかけて清教徒革命が起きたことなどいくつかの事情もあって、イギリス船団の進出は順調には進まなかった。イギリス海軍が黄金期を迎えるのは1世紀以上も後の、1800年代のことだ。

ともあれ、イギリスは1603年から「ファクトリー」と呼ばれた海外貿易の拠点を築き始めた。その中にはナツメグの産地であるインドネシアのラン島もある。当

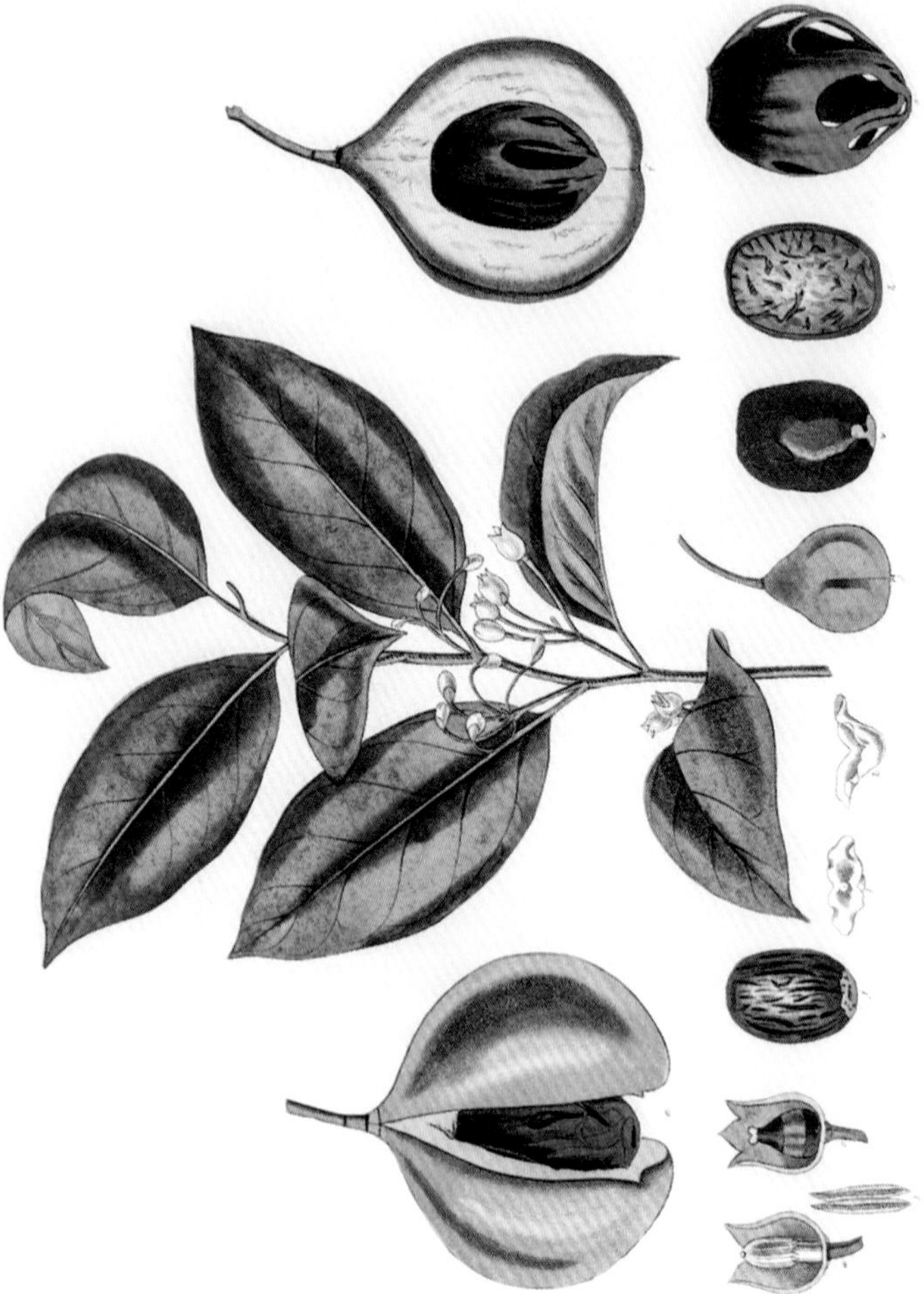

ナツメグを描いた植物画。J・チャーチル。ロンドン。1829年。

時のヨーロッパではスパイスはどれも健康に良いとみなされていたが、とくにナツメグの人気が高く、多くの需要があった。チャールズ・コーンは『エデンの芳香 *The Scents of Eden*』（1999年）で、ラン島ではナツメグ1ポンドを1ペニーで買えたと書いている。一説によれば、それがヨーロッパでは3万2000パーセントの利益率（つまり320倍）で売れたという。17世紀には、ナツメグはペストの治療にも使われていたが、上流階級の人々が裕福さを誇示する目的で使うことのほうが多く、匂い袋に入れたり、料理や飲物に加えたりしていた。

イギリスに負けるものかとばかり、オランダはイギリスのナツメグ貿易の最後の拠点となっていたインドネシアのラン島をねらってナツメグ戦争（1661－7年）を始めた。1667年の終戦協定でオランダはラン島を手に入れ、その代わりに当時は北米大陸の名もない小さな島だった場所をイギリスに譲渡した……その島は、今はマンハッタン島と呼ばれている。

◉熱狂から商品化へ

1500年代のほとんどを通して、イギリス人は基本的にはビールを好んで飲んでいた。ビールやエールにスパイスや砂糖を加えることもあったが、アルコール度の高い蒸溜酒は一般に医療用とされていた。「命の水」という言葉はラテン語で「アクァ・ウィタエ」、スコットランドやアイルランドの言葉では「ウスクェ＝バス」のような発音の単語で、これが現代の「ウイスキー」になったとされているが、もともと1600年代のウスクェ＝バスはさまざまなハーブやスパイスを加えて甘味をつけた医療用のコーディアル（薬酒）だった。

1453年以後に活版印刷が普及したおかげで、ウスクェ＝バスやその他のコーディアルのレシピを記した書物が大量に印刷されるようになり、さまざまな社会階層の人々の手に届くようになっていた。トマス・ドーソンが書いた『良き家政婦の宝石 *The Good Huswifes Jewell*』（1596－7年）（タイトルにある家政婦とは当時の上流階級の家事全般を取りしきる仕事の女性をさしていた）では「治療法」の見出しがついた箇所に多くのコーディアルのレシピがあり、それぞれに砂糖、ナツメグ、シナモンを始め多くの材料が含まれていた。別の社会階層に向けた書物もある。ヒュー・プラットが書いた『レディたちの喜び *Delights for Ladies*』（1636年）は上流階級の女性が対象だった。プラットのコーディアルは糖蜜で甘味をつけ、リコリス、アニスシード、クローブ、デーツ、レーズンなどのフレーバーがつけてあった。

1570年代には、自宅で蒸溜まではしない人々のために強い蒸溜酒（多くはビールを蒸溜してフレーバーをつけたもの）を販売する店が出現した。このような店は1600年にはロンドンに200店ほどあって、特に規制もないまま、手に入る酒ならなんでも集めて蒸溜していた。当時はそうして作られたあらゆる蒸溜酒がリキュールの名のもとに売られていたのだ。ケンブリッジ大学教授のエマ・C・スプレーは『近世ヨーロッパの材料と技術 *Materials and Expertise in Early Modern Europe*』（2010年）で当時の状況を次のように書いている。

リキュールとは何か、リキュールを何のために飲むのかを理解しようとする試みは、製造し販売する業者、科学者、医療従事者などさまざまなレベルで続いていた……食品と治療薬と健康食品の区別がはっきりしていなかった上に、その3つの購買層が重なっていたからだ。

リキュール製造者たちのあいだでは、リキュールは嗜好品だと主張する声が高かった。そのような状況を背景に、医師のトマス・ド・マイヤーンがリキュールを製造する資格や製法の規格を明確にしようと行動を起こした。1638年、ド・マイヤーンは定められた規則にしたがって操業し、製品の質を一定にたもつよう取り締まるための同業者組合の設立を助けた。王からの特許状を得て設立されたその「リキュール製造者の名誉組合 The Worshipful Company of Distillers」は、ロンドン市内とウエストミンスターおよびその周囲34キロ以内の地域におけるリキュール生産の規制と監督を行う業界団体だった。

当時ジュニパー・ウォーターと呼ばれていたリキュール（ほとんど今のジンのようなものだった）は、薬として飲まれていた。政治家のサミュエル・ピープスは彼の1663年の日記に、胃の調子が悪いのでジュニパー・ウォーターを飲んだと記している。当時ビールとブランデーは嗜好品として飲まれていたが、ラム酒はまだ流行していなかった。1688年になると、国内の宗教対立の影響でイギリスのアルコール事情に大きな変化が訪れる。その年、いわゆる名誉革命が起きてカトリ

スロージンの人気が再び高まったことで、多くの伝統あるブランドのスピリッツの入手が以前より容易になる一方で、新しいブランドも市場に参入している。

ック教徒の国王ジェームズ2世は貴族たちから退位をせまられ、プロテスタント国オランダのオラニエ公ウィレムと、ジェームズ2世の王女でありながらプロテスタントでウィレムの妻だったメアリーが共同統治者としてイギリスに迎えられた。ウィリアム3世となったウィレムは彼のお気に入りだったジュニパーベリーのフレーバーをもつリキュール、ジュネヴァをイギリスにもたらした。

イギリスの貴族たちはすぐさま王にならってジュネヴァを飲むようになり、ジュネヴァはイギリスの愛国者が飲むべき酒と見なされるようになった。フランスのルイ14世と植民地戦争を戦っていたウィリアム3世は、ブランデーを含むすべてのフランス製品の輸入を禁じた。しかし高級な蒸溜酒ジュネヴァはイギリスの貧しい庶民にはとても手が届かなかった。そこで彼らは自分たちでも毎日口にできる強い酒を探し求め、庶民のジュネヴァを作りだしてそれをジンと名づけた。これは密造酒であり、ジュネヴァのジュニパーベリーのフレーバーをまねるために硫酸と松の樹脂から作るテレピン油を加えた危険な蒸溜酒だった。

今では「ジン狂い（ジン・クレイズ）」と呼ばれている熱狂は、1720年から1751年頃までの約30年のあいだイングランド全土に広まっていたが、とくにロンドンが激しかった。貧者のジュネヴァとも言うべきこの酒のまずさをごまかすため、砂糖を大量に入れるのが常だった。このころには砂糖はもはや貴重品ではなく、ほとんどの庶民が手に入れられるようになっていた。当時人気のあった「オールド・トム」のような甘いジンはコーディアル・ジンと呼ばれ、これが18世紀から19世紀に大人気となる果物やスパイスのエキスを入れたコーディアルの前身となる。

ジン・クレイズがおさまった1700年代末には、今も残っているゴードン、ギルビー、タンカレーなどといったきちんとした業者が現れた。1820年から1840年のあいだに彼らはジンを製造販売する業界が厳重な品質管理と適正な競争を行うことを目的とする「適正化クラブ Rectifiers Club」を組織した。これらの業者が最初に生産したスピリッツのいくつかは、ジンベースのコーディアルだった。現在では、ジンは非公式ながらイギリスを代表するスピリッツであり、スロージン（スローベリーの実をジンに漬け込んだもの）やフルーツカップといったよく知られたリキュールのベースにもなっている。

品質が向上し洗練された商品が多く出回るようになるとジンは上流社会にも広まり、パンチのベースによく使われるようになった。18世紀、庶民が質の悪いジンをがぶ飲みしていたころ、上流階級の人々はパーティーで、庶民の飲物とは似て非なるスピリッツを使ったパンチのボウルを囲んでいた。イギリスで流行したものはすぐにアメリカの植民地にも伝わる。植民地の住人は本国の流行に後れまいとしていたからだ。パンチが大西洋を越えてアメリカに伝わったのと同じように、17世紀末にヨーロッパに広まった啓蒙思想も植民地まで届くことになる。

◉啓蒙思想からラムへ、そして革命へ

アメリカ独立戦争が始まるより100年あまり前の1666年、イギリス人のアイザック・ニュートンはリンゴの木の下に腰を下ろしてお茶を飲みながら、宇宙の謎について考えをめぐらせていた。物語が伝えるところによれば、そのとき木の枝からリンゴの実がひとつ落ちてティーカップに当たったせいで、ニュートンはあの画期的な『自然哲学の数学的諸原理』（1687年）を書くことになった。ニュートンは信心深い人間だったが、彼の理性的で科学的な思考のおかげで不本意ながら啓蒙思想の象徴のような存在となったのである。その数年後、政治哲学者ジョン・ロックは『統治二論』（1689年）を書き、ニュートンと同じように理性に基づいて「すべての者が平等で独立しているのだから、何人《なんびと》もその生命、健康、自由、財産において他者を害してはならぬのであ

る」と主張した。
イギリス人はさまざまな思想についてコーヒーハウスやパブで議論していたが、植民地人たちは町のいたる所にあった居酒屋で議論をくり広げていた。そうした居酒屋は酒を飲むだけの場所ではなく、郵便局、銀行、商談のためのオフィスとしての役割も果たしていた。啓蒙思想が急速に広まったのも、こうした居酒屋からなのだ。勇ましく扇動的な持論を述べるには、酒を一杯ひっかけるのがいちばんだった。植民地の男たちは、酒がはいると雄弁になった。アメリカという国は、一杯機嫌の啓蒙思想の上に築かれたと言えるかもしれない。

植民地で飲まれていた酒は、初めのうちはビールとサイダー（リンゴ酒）がほとんどだったが、やがてラムが好まれるようになった。強いアルコール度数による刺激も人気の理由だが、ラムは衛生環境がわるく汚染のおそれがある水よりも安全な――植民地の住人は健康に良いとも考えていた――飲物でもあったのだ。生活が豊かでない入植者は、「ジン・クレイズ」の時代のイギリスの貧困層が密造酒のジンをがぶ飲みしていたのと同じようにラムをストレートで飲みほしていた。しかし裕福な植民地人たちはパンチや、ワシントン大統領のマーサ夫人が作っていたチェリー・バウンスのような自家製リキュールのベースにラムを使っていた。しかし残念なことだが、ラムとそれを使った各種の甘くおいしい飲物について語るなら、リキュールの歴史における恥ずべき一面である三角貿易についても語らなければならない。

独立戦争を経て独立を勝ちとる前、北米のイギリス植民地は経済面で本国から理不尽な従属を強いられていた。リキュールに関することで言えば、サトウキビの問題があった。17世紀以来、砂糖はイギリス社会のあらゆる所で不可欠だった。西インド諸島と北米植民地で生産されるラムもやはり必需品になっていた。イギリス海軍は船員たちへの毎日の配給品にラムを加えていたし、社交生活に花を添えるパンチにもラムが欠かせなかった。北米植民地ではラム入りのパンチ、砂糖とスパイスを入れたラムのお湯割りであるラムトディー、ラム酒に砂糖とレモン果汁をくわえた飲物のシュラブが大流行していた。シュラブについて言えば、イギリスが輸入品に贅沢税を課したせいで1600年代末に横行した密輸がきっかけで流行した飲物だ。密輸業者が沖合の船に積んだままひそかに貯蔵していたラムは、どうしても海水が混じってしまう。そこで人々は、海水に汚染されたラムの悪臭を消すために、砂糖と果物を混ぜた自家製のリキュールを作って飲んでいたのである。

砂糖貿易は、ポルトガルがアフリカで集めた奴隷を大西洋経由で西インド諸島などに運んだことから始まった三角貿易の暗い歴史と切り離すことができない。しかしイギリスとアフリカとアメリカ大陸を結んだのも三角貿易だった。西インド諸島でサトウキビから製造された糖蜜は、北米のイギリス植民地に送られていた。そこで製造されたラムはアフリカへ運ばれ、奴隷の購入代金となった。奴隷は北米植民地から西インド諸島に送られ、サトウキビ農園で働かされていたのだ。

1733年、ラムの製造と消費についてリキュールの歴史に残る出来事があった。その年、イギリスは「糖蜜法」を制定し、イギリス植民地以外の地域から北米イギリス植民地へ輸入される砂糖、糖蜜、ラムに関税をかけることを決めたのだ。1764年には、糖蜜法で定めた品物の密輸を防止する目的で「砂糖法」も制定した。ここへきてついに、北米植民地の住人たちはイギリス国王ジョージ3世の専横に憤《いきどお》りを感じるようになる。こうして植民地のあちこちにある居酒屋で、ベンジャミン・フランクリンやトマス・ジェファーソンなどの理論家たちが——おそらくラム入りのパンチボウルを前にして——豪快に酒を飲んでは血気さかんな議論をかわすことになったのだ。

第3章 ◉ 啓蒙思想と革命への道

最後の王が最後の聖職者のはらわたで絞め殺されるまで、人は自由になりえないだろう。

ドニ・ディドロ作と伝えられる詩「レ・エルテロマーヌ」（1772年）より

啓蒙思想は、今では現代的な社会政治思想の始まりを告げた哲学だとみなされることが多い。取りくんでいた問題は、わかりやすく言えば生命、自由、あるいは幸福の追求、高尚な言い方をすれば17世紀から18世紀にかけてのヨーロッパ世界の在り方そのものだった。啓蒙思想は先進的な意見をもつ人々を生み、彼らが集まって議論する場所を作りだした。どこよりもはっきりとこの風潮が見られたのがフランスだった。パリではディドロ、ヴォルテール、ルソーらの思想家が、貴族階級が集うサロンや平等主義者たちが集まるカフェを舞台に激しい議論をくりひろげていた。議論が進めばリキュールも進む。人が集まって議論するときには、どうしても酒が必要になるらしい。

◉レモネードとカフェ

啓蒙思想が生まれるずっと前のこと、のちにフランス国王アンリ2世となる王子にイタリアから嫁いだカトリーヌ・ド・メディシスは、食物やファッションや芸術に関する彼女の「進んだ」知識をフランス宮廷にもたらした。ジェームズ・ミューとジョン・アシュトンの著書『世界の飲物 *Drinks of the World*』（1896年）の記述によれば、この王太子妃が「イタリア人がすでに手にしていたあらゆる贅沢品をフランスに持ちこんだおかげで、かなりの数の新しいリキュールがフランスで生まれ、リキュールが庶民にまで広まることになった」。カトリーヌはとくにスパイスやハーブのフレーバーをもつコーディアルのアルケルメスを好んでいた。この名前はアラブ語で赤を意味する「アル＝キルミズ al-kirmiz」に由来していて、その名のとおり美しい赤色をしている。アルケルメスは薬用としても飲まれたが、媚薬のように気持ちをうっとりさせる飲物としても好まれて

サンタ・マリア・ノヴェッラ・アルケルメス。カトリーヌ・ド・メディシスが愛したこのリキュールは、現在も生産されている。

いた。

アルケルメスなどのイタリア産リキュールをフランスでも飲みたかったカトリーヌは、イタリアからリキュール職人を連れてきていた。そうした職人たちがイタリアの贅沢なリキュールのレシピやそれを作る蒸溜技術を紹介し、フランス人が洗練されたリキュールを生みだしてリキュール界に大きく貢献するための基礎を築いたのだ。しかしフランスがイタリアから得たものは、のちの王妃カトリーヌとそのお気に入りのアルケルメスだけではなかった。

レモネードはイタリアからフランスその他のヨーロッパ諸国に伝えられた。イタリアではレモネード売りが喉の渇きをうるおすこの酸味のある飲物を、背中に背負ったタンクから注いで売っていた。フランスでもすぐに、その売り方も真似たレモネード売りが誕生した。しかし、やがてフランスの売り子たちはレモネードをまったく新しい次元に押しあげることになる。ルイ14世の宮廷シェフだったフランソワ・ピエール・ラ・ヴァレンヌが、1651年に出版された彼の著書『フランスの料理人 *Le Cuisinier francois*』（今では現代フランス料理の形を定めた初期の重要な料理書のひとつと見なされている）にレモネードのレシピを載せていることは、17世紀におけるレモネード人気を示す何よりの証拠だろう。実際のところ1668年に大流行したペストによる住民の被害が比較的少なかったのは、人々がレモネードをたくさん飲んでいたからだった。パリのゴミ捨て場に捨てられた大量のレモンの皮のおかげで、ペスト菌をもってネズミの体につき感染を広げるノミが少なくなっていたのである。

レモネード売り。エッチングに手で彩色したもの。マシュー・ダーリーとメアリー・ダーリー「何人かのレディ、紳士、芸術家等の24枚の風刺画」より（1771年）。これはイギリス人の版画家がフランス人へのからかいをこめた風刺画。レモネード売りはサボ（木靴）をはき、熊の毛皮の帽子をかぶっている。

パリでもっとも古いカフェであるル・プロコープの経営者がもとはシチリア出身のレモネード売りフランチェスコ・プロコピオ・キュトだったのは、偶然とは言えないかもしれない。彼が1686年に開店したカフェはヴォルテールやディドロといった哲学者たちのたまり場のひとつになった。時代がカフェというものを求めていたともいえる。彼らが議論した内容が次第にフランス革命につながる道を開いていくことになるのだから。前にも書いたように、次々に生まれる新しい思想は、それを発表し議論する場を必要としており、カフェはそのような目的に最適であり、そこで供されるリキュールやレモネード、そして1600年代にヨーロッパに伝わっていたコーヒーは長居をするには良い口実になっていた。

カフェが出現したのは、フランスの歴史における重大な時期でもあった。当時のフランスは、ヨーロッパの大部分と同じように黒死病（腺ペスト）による大混乱に直面していた。パリだけでもこの伝染病で住民の約3分の1が死亡した。イギリスとの百年戦争ではさらに多くの命が失われた。このふたつの理由からフランスの労働人口が激減していたので、労働者の奪い合いがおこり、それまでより多くの賃金を得る人々も現れた。それに加えて、当時は封建社会の身分制度に代わる階級の多層化が進行しつつあり、新しい商売を始めたり新しい物を作ったりする人々が増えていた。大都市に移り住む人々も多かったが、そこは稼いだお金の使い道がいくらでもある活気に満ちた場所だった。

「カフェ」と言う言葉はコーヒーと切り離すことができない。フランス語やイタリア語ではコーヒ

レモネードショップの美しい女主人。手で彩色したエッチング。1816年。

ーそのものを表す単語もカフェだ。しかし飲物を提供する場所としてのカフェの起源には、いくぶんリキュールもかかわっている。フランスでは「命の水」と呼ばれたアルコール度数の高い蒸溜酒（基本的にはワインから作るブランデー）を製造する特権は、16世紀まで薬剤師が独占していた。続く17世紀には酢を作る業者や食事を作って提供する業者にも蒸溜する権利が与えられた。1676年、これらの業者は、自分たちの権利と利益を守るためレモネード売り業者と一緒になって、「レモネード組合」というギルドを形成した。17世紀が終わりに近づくころにはギルドの勢力が強まってきて、レモネード売りは背中にタンクを背負うことを止め、小さなカートを引いて商売するようになった。カートは次第にレモネードを売る店になり、最終的にはカフェとなった。フランス語のカフェにはコーヒーの意味もあるが、店として誕生したばかりのカフェは、腰をかける椅子があって、レモネードやコーヒーやリキュールを提供する店だったのだ。

18世紀には「レモネード組合」はフランスでも指折りの影響力と資金力をもつギルドになっており、当然レモネードショップの数は急増していた。1700年代初めにはパリのカフェは300店ほどだった。それが18世紀末には（資料によって異なるが）800あるいは2000店以上に達し、酒好きの客から酒をまったく飲まない客までのさまざまな注文に応じていた。薬剤師や商人や調香師など多様な職業の人々が蒸溜をする権利をもっていたが、レモネードショップの経営者だけが、テーブルと椅子のある場所で客に蒸溜酒を売ることができた。

フランスの歴史家フィリップ・マッケは『職業・技術小事典 *Dictionnaire portatif des arts et metiers*』に、レモネードショップの経営者は「ラタフィアのように強い酒からありふれたリキュールまでさまざまな種類の酒を売る特権をもっていた」と書いている。当時のラタフィアは果物のフレーバーをもつすべてのリキュールをさす言葉になっていたが、本来のラタフィアは桃やサクランボのタネを使ってフレーバーをつけたリキュールである。1728年に出版された『リキュール、スピリッツ、酒精について、そしてそれらの効果的な利用法について *Traite des liqueurs,esprits ou essences, et la maniere de s'en servir utilement*』で、著者フランソワ・ギズリエ・デュ・ヴェルジェはラタフィアのことを「会話のためのリキュールだ」と書き、この種のリキュールの特徴は「グラスに5、6杯飲んでも酔うことはない」ことだとしている。「会話」という言葉が使われ、酔って訳が分からなくなることはないと書いてあることから、リキュールが陽気な談笑の場で長時間にわたって飲まれていたことが想像できる。

このデュ・ヴェルジェの証言は比較的裕福な階級についてのことだと思われるが、ジャック＝フランソワ・ドゥマシーの『リキュール製造の技術 *L'Art du distillateur liquoriste*』（1775年）によれば、品質の差こそあれ、リキュールそのものは誰でも口にできるものだったようだ。ドゥマシーによれば同じ名前のリキュールでも、最高級、高級、普通などの等級があったらしい。品質の差は、使われているスピリッツや砂糖の量、そして果物の種類や量から生じたようだ。彼が紹介したレシピには、カシス・ベースのラタフィア、神聖なリキュール（eau divine）、お茶のリキュール（eau de thé）、リキュール・バルバドスや各種のロゾリオなどがあった。

レモネードショップの経営者が果たしていた重要な役割を示す一例が、1804年に出版されたマニュアル『レモネードショップの経営者の技術 *L'Art du limonadier*』だ。レモネードショップの

ヨハネス・デ・カイパー（Johannes De Kuyper and Zoon）社のパルフェタムール。1973年以後は多くのメーカーが「完璧な愛」という意味ありげな名をもつこのリキュールの製造を始め、今も製造している。

経営者によってレモネードショップの経営者のために書かれたこのマニュアルは、彼らが単にチョコレートや紅茶やコーヒーなどの飲物を客に提供する店のオーナーとしてだけではなく、蒸溜によって最高のリキュールを作りだす職人としての役割も果たしていたことを示している。281ページあるこの本のうち86ページはアルコールベースのリキュールの作り方を書いた章が占めているのだ。そこに書かれている73のレシピのうち22は、いろいろなバージョンのラタフィア（もともとラタフィアは桃やアンズやサクランボなどの硬いタネの核を使って作る）やマラスキーノ［マラスカ種のチェリーを使う］、トリノのロゾリオ、スクバック［スコットランドおよびアイルランド産のウイスキーにスパイス、ハーブのフレーバーをつけたスピリッツ］、パルフェタムール［フランス生まれのリキュールで柑橘類をベースにスミレ、バラ、アーモンドなどのフレーバーがつけてある］のレシピだった。

パリには、カフェと名を変えたレモネードショップをたまり場にした人々の集いのほかに、より貴族的な、サロンと呼ばれる集いの場もあった。啓蒙主義者たちの非公式なクラブハウスのような場になったサロンでは、刺激に満ちた、ときには過激な会話が交わされていた。女性が会話に加わることはあまりなかったが、サロンの女主人として人々をもてなしたり、話題を提供したりしていた。ブルジョワジーと呼ばれる中流の上位にあたる階層も新たに生まれていた。彼らもまたサロンで貴族や哲学者たちと親しく酒を酌み交わすようになり、社会の中枢を成す存在に加わった。

フランスのリキュール界に永遠にその名を残すことになる女性マリー・ブリザールは、こうした変わりつつある社会に生まれ、男性に支配されていた分野で頭角を現すことになる。ブリザールは

「現代広告ポスターの父」と呼ばれるレオネット・カッピエッロがマリー・ブリザール・エ・ロジェ社のために描いたアール・ヌーヴォー風のポスター。1912年。慣習にとらわれない色使いと背景の暗色が現代的だ。

——ある意味ではオランダのルーカス・ボルスのように——フランスのリキュール製造に多大な影響を与え、その製品はひろく海外にも輸出されるようになるのだ。

蒸溜酒を作ったり樽に詰めたりする職人だったピエール・ブリザールの娘マリーが、もともとスピリッツの世界と縁があったことは確かだ。しかし彼女がリキュールの世界に実際に足を踏みこんだのは、1750年のこと、彼女が病気に苦しむ西インド諸島出身の水夫の看病をして、そのお礼にアニスの実を使うリキュールのレシピを教えてもらったのがきっかけだった。女性が自分でビジネスをすることは禁じられていた（啓蒙思想にも限界があった）のだが、彼女は気にもかけなかった。そして姪の夫であるジャン＝バティスト・ロジェに協力を求め、メゾン・マリー・ブリザール・エ・ロジェとしたのだ。1763年、マリーはついにブリザール社の看板リキュールであるアニゼットを完成させ、それはルイ15世の宮廷の御用達となった。その3年後には彼女独自のレシピによるパルフェタムールが生まれ、これもブリザールのブランドとして今も作られている。

ブリザールブランドからはその後も多くの製品が生まれ、さまざまな場に広まった。イギリスの文筆家リー・ハントが1841年に書いた『随筆 *Essays*』に、ブリザール社製品のようなリキュールが当時の社会で果たしていた役割の例が見られる。ハントによれば、かつては食事とワインのあとは消化を助けるためにコーヒーが単独で飲まれていたが、昨今はそれだけでは終わらず、さらに消化を助けるために「コーヒー・チェイサー」と呼ばれる何らかのリキュールが飲まれている、とのことだ。1800年代末になると、このコーヒー・チェイサーは形を変え、層を作るリキュールベースのカクテル、プース・カフェとなった。

◉文化の革命から美食の進化へ

もしマリー・アントワネットが怒りに燃えた群衆に「パンがなければケーキ（彼女はフランス語でブリオッシュと言ったのだが）をお食べなさい」と軽薄に言うかわりにリキュールのパルフェタムールを勧めていたら、ギロチンにかけられることはなかったかもしれない。いずれにせよ現代の歴史家によれば、ルイ16世の王妃だった彼女がそんなことを言った事実はないようだが。それでも、マリー＝アントワネット＝ジョゼフ＝ジャンヌ・ドトリッシュ＝ロレーヌなどというバロック的な名前をもつ彼女が、まるで別世界の住人である庶民たちの困窮など知るはずもなかったのは間違いない。

そんな話はさておき、フランス革命は絶対王政下の旧制度を転覆させただけでなく、やっと勢いづいてきたばかりだったフランス国内のリキュール産業を崩壊させることになった。もちろんそれには理由がある。絶対王政下の第1身分（聖職者）と第2身分（貴族）の人々は有り余るほどのお金をもっていたが、第3身分に属する貧民や商人などの中流層は食べ物にも事欠くきびしい生活を送っていた。そのうえワイン、タバコ、砂糖、塩などには税金が課せられていた。このように経済的に不平等な実態と啓蒙思想の広がり、さらにはアメリカ独立戦争における植民地側の勝利もあって、第3身分はついに蜂起したのだ。

1789年7月14日、パリの住人は大挙してバスティーユ監獄を襲撃して占拠し、その興奮はあっという間にパリの外にも広まり、修道院——自家製のリキュールを作っていたところもあった——は閉鎖され、図書館やカフェや庭園なども略奪の被害にあった。フランス国内はあらゆる面で大混乱に陥ったのだ。この革命は政治的にも社会的にもフランスとその国民に大変革をもたらした。その混乱の過程に生じた権力の空白状態が、その時代に大きな影響を与える人物、ナポレオン・ボナパルトを生むことになったのだ。

革命の流血のさなかに軍隊では「小さな伍長」と呼ばれていたその人物は、1799年にフランスの第1執政の地位に就き、1804年には皇帝の地位に就くことになる。権力志向の強かったナポレオンを暴君と評する歴史家も多いが、彼は封建主義に終止符をうち、革命によって国民が得た権利を守るナポレオン法典を制定している。また彼の第1執政期および帝政期に行われたナポレオン戦争はフランス経済を刺激し、フランスの生産力を高めるための基礎を築いたとも言えるのだ。

革命が勃発したとき、ナポレオンはまだ軍の将校だったが、革命の大義を支持し、それは革命後にロベスピエールが恐怖政治を指揮して何千人もの貴族を処刑したときも変わらなかった。君主制が崩壊し貴族的な生活のなごりもすっかり消え去ると、処刑を免れていた貴族は一斉にフランス国外へ逃げだしたので、彼らの召使いは職を失った。短期的に生じたその状態が、その後に起きる飲食業界の革命につながることになる。

「レ・トロワ・フレール・プロヴァンソー *Les Trois Freres provençaux*」（プロバンスの3兄弟）は1800年代のパリでもっとも人気のあるレストランのひとつだった。リキュールも「お勧め」のメニューに載っていたはずだ。

革命前のフランスでは外食といえば居酒屋ぐらいしかない時代が続いていたが、その種の店の料理は簡単なものが多かった。しかし革命前後に起きたいくつかの出来事をきっかけに、飲食のための新しい場所が誕生することになる。１７６５年、ムッシュー・ブーランジェというパリの紳士が、最初のレストランと見なされている店を開いた。飲物を提供するためのカフェとは異なり、ブーランジェの店は疲れた人の元気を回復させるための体に良いだし汁、つまりブイヨンのスープを提供する店だった。フランスのレストラン文化は、彼のブイヨンから始まったのだ。

フランス革命の直後には貴族たちが国外に去り、召使いは職を失った。貴族に雇われていた料理人や給仕たちは、初めてできた高級レストランに新しい職場を見出すことになった。革命の影響を受けたのは召使いたちだけではなかった。1803年には肉屋やパン屋といった職人が組合《ギルド》を作ることが禁止された。中世から続いてきたギルドは、多くの人にとって封建制度の最後の名残りのように思われたのだ。ギルドの根絶と召使いの転職は自由競争と市場経済時代の幕開けを告げ、人々に自営業を始める意欲を与えることになった。

同時にさまざまな産業が進歩したことで多くの市民は労働時間が短くなり、新しい社会階層——専門職、商人、工場労働者などの中流階級——が出現した。その日の食べ物にも困る下層階級も確かに残ってはいたが、数を増しつつある中流層にはお金と時間があった。金銭的余裕と余暇は楽しむために使いたいのが人情だ。仲間と楽しく過ごしたいと考える人が増えるにつれて、その必要を満たそうとする人も増えてきた。

1800年代の初めにはパリだけで3000店のレストランがあり、数百店ものカフェやビストロがあって飲食物を提供していた。19世紀がさらに進むと、パリから芸術としての料理が広まり始めた。1800年に出版された『美食家年鑑 *Almanach des gourmandes*』には「今や美食はひとつのファッションになった」とある。次々に出版される料理書は新たに出現したプロの料理人たちに愛読されていたが、ときには料理人自身が書いたものも出てきた。一次的に復古した王政におけるルイ18世のシェフだったアントワーヌ・B・ボーヴィリエは、洗練されたフランス料理を扱った初の料理書を書いている。その本には多くのリキュールのレシピも含まれていた。

フェルナン・ブローデルは『物質文明・経済・資本主義 15－18世紀』［村上光彦訳。みすず書房。1985年］で、蒸溜したアルコールについて「16世紀が作り出し、17世紀が完成させ、18世紀が広めた」と書いている。フランス革命は新しい社会構造を成長させ、その社会構造は19世紀にも拡大を続けた。この社会構造は、産業の進歩や食事の進化との相乗効果もあって、リキュール製造者が彼らの製品を売る機会を増大させた。しかし何よりその品質、価格、入手の容易さが向上したからこそ、リキュールは単なる万能薬にとどまらず、社会を住みよくする潤滑剤としての地位を少しずつ獲得できたのだ。

第4章◉革命後のフランスのリキュール

ほんものの、み、緑のシャルトルーズだ……。舌をころがっていくとき、五回違う味がする。まるで、に、虹を飲みこむようだよ。

イーヴリン・ウォー著『回想のブライズヘッド』〔小野寺健訳。岩波文庫。2009年〕のアントニー・ブランシュの言葉より

フランス革命が洗練されたフランス料理への扉を開いたように、産業革命は1800年代のフランスにおけるリキュールの製造と販売の変化に大きく影響した。産業革命はまず1760年から1830年にかけてイギリスで広まった。革命がもはや過去の出来事と思われるようになった1840年代のフランスでも、時代が生んだ産業の進歩を利用できる時を迎えていた。リキュール生産にとって重要な進歩のひとつが、テンサイ（サトウダイコン）の栽培と蒸溜塔の改良だった。

リキュールには不可欠な原料のひとつである砂糖の品質と供給量の安定は、リキュール製造の成否に直接影響する要因のひとつだ。植民地の獲得によって、カリブ海諸島とブラジルでのサトウキ

フェルディナン・ミスティ・ミフリーズによる「マント・パスティーユ」リキュールのポスター。1900年頃。

ビ農園の経営が可能になった。17世紀半ばには、植民地で生産された大量の砂糖がヨーロッパに輸出され、飛ぶように売れていた。ところが1790年になってその砂糖生産に急ブレーキがかかった。現在のハイチがある島の砂糖農園で働いていた奴隷がフランスの植民地支配に反乱を起こしたのだ。この時まで西インド諸島のフランス植民地はフランスで消費される砂糖の70パーセントを供給していた。1792年には事態がさらに悪化し、パリでも奴隷反対運動が起こった。ナポレオン戦争(1803-1815年)のさなかにはイギリスが西インド諸島との交易路を封鎖したため、ヨーロッパの砂糖不足はピークに達した。運よく砂糖を見かけたとしても、とても手の出せない価格だった。

ナポレオンは甘い物が手に入らないことに国民が不満をつのらせていることを敏感に感じとり、早急に解決をはかるために、サトウキビの代わりになる物を見つけた人物には賞金を出すと発表した。その結果見つかったのがテンサイ(サトウダイコン)だ。1747年にプロイセンの化学者アンドレアス・マルクグラーフがテンサイの根からショ糖を取りだすことに成功し、それがサトウキビから採れるショ糖と同じ結晶構造をもつことを明らかにしていた。マルクグラーフの弟子フランツ・カール・アシャールは、テンサイからショ糖を効率的かつ低コストで抽出する方法を考案し、1801年に中央ヨーロッパのシレジアに最初の製糖工場を開いた。

テンサイから作ったいくつかの砂糖のかたまりをフランス人科学者から見せられたナポレオンは大いに喜び、3万2000ヘクタールの土地をテンサイ畑にするよう命じた。数年のうちに多くの

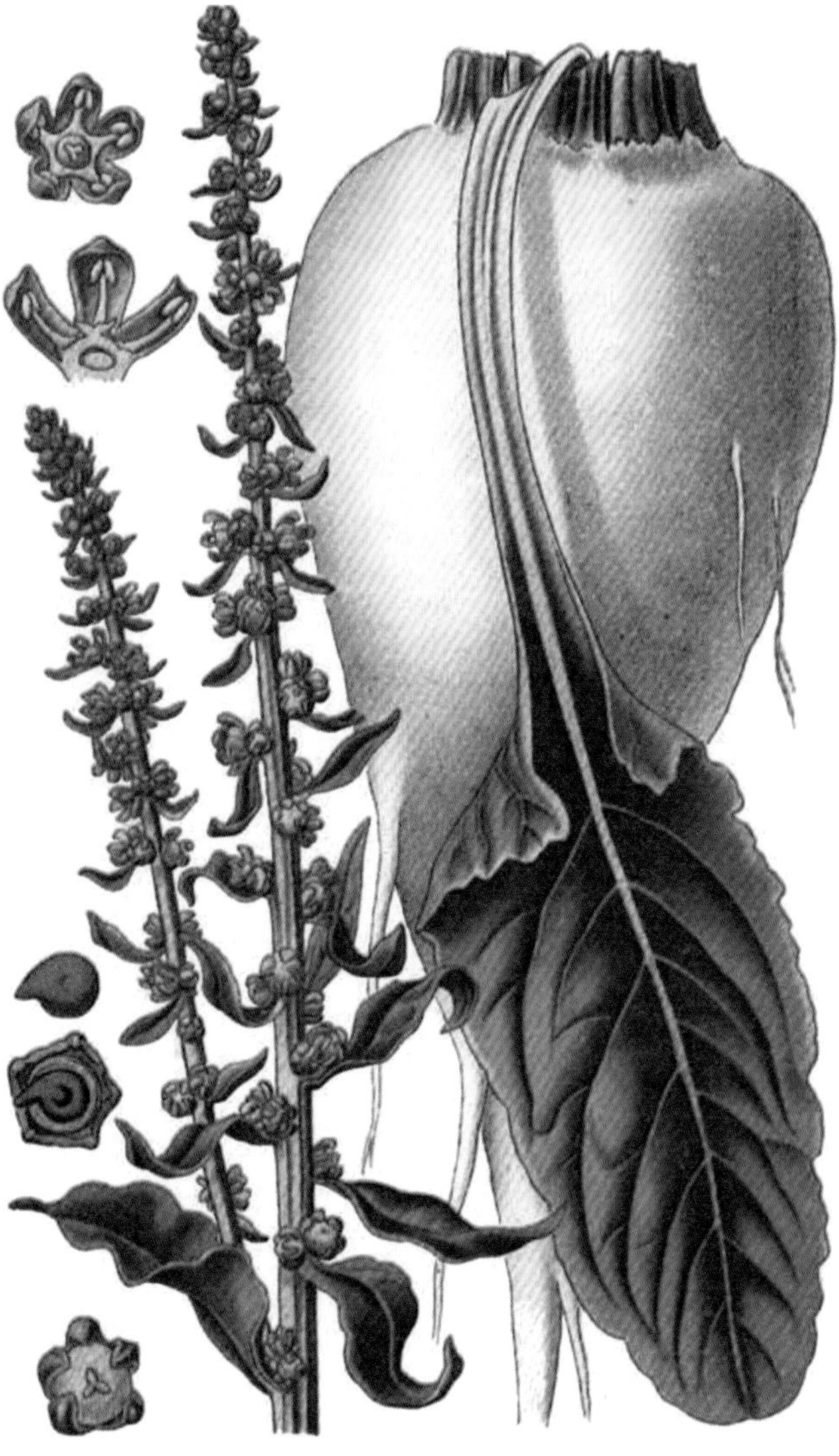

英語ではシュガー・ビーツと呼ばれるテンサイ。赤紫または黄色で料理に使われる丸みを帯びた野菜であるビーツとは異なり、テンサイは長めで白っぽい色をしている。

1802年にシレジアで最初に作られた、テンサイを原料とする製糖工場。

民間製糖工場がフランス、オランダ、プロイセンなどヨーロッパ各地に次々に作られた。砂糖の需要は増すばかりだったので、テンサイ栽培の拡大と、より多くのショ糖を含む品種の開発が奨励されていた。

ナポレオン戦争が終結してイギリスによる交易路の封鎖が解けると、再びサトウキビが供給されるようになってテンサイ糖の生産は一時的に減少した。しかしその時期を除けばテンサイ糖の生産は拡大を続け、1850年にはヨーロッパで確固たる産業としての地位を確立していた。アメリカ国内に最初のテンサイ糖製造工場ができたのは、ヨーロッパより数十年あとの1870年だったが、20世紀初頭にはヨーロッパの製糖産業の強力なライバルになっていた。

リキュール業界は全体としてテンサイ糖

にいろいろ利点があることに気づき始めていた。第1に栽培にかかる費用がサトウキビより安い。第2にサトウキビの生育には熱帯あるいは亜熱帯の気候が必要だが、テンサイはヨーロッパ北部も含む温帯の気候でよく生育する。したがって輸出入にかかる費用がずっと少なくてすむ。そして最後にテンサイ糖自体には強いフレーバーがないので、リキュールがもつフレーバーを弱めたり消したりすることがないのだ。現在では多くのリキュールメーカーが製品の甘味にテンサイ糖を使っている。

テンサイは蒸溜技術の進化にもいくぶん関わりがあった。テンサイは比較的安価な砂糖の原料だったが、それにくわえて産業用アルコールの蒸溜にも使えたのだ。テンサイからショ糖をより効率的に抽出する方法を考えていたフランス人技術者ジャン＝バティスト・セリエ＝ブルメンタールは、初の実用的な連続式蒸溜器を1808年に設計し、1813年にはその特許を得た。その後スコットランド人のロバート・スタインをはじめ多くの発明家がセリエ＝ブルメンタールの連続式蒸溜器の効率を高める工夫を加えたが、中でもその名をもっともよく知られている技術者がアエネアス・コフィだ。

コフィは1830年に、きわめて効率がよく1日24時間、1週間に7日連続して稼働できる蒸溜器を考案した。そのおかげで蒸溜業者は中断することなく作業を続けられ、結果としてより安価に安定的に製品を供給できるようになった。そのうえ、連続式蒸溜法で生産されたスピリッツはより滑らかで雑味がなく、飲みやすかった。そして何よりも、雑味のないスピリッツができるようになったおかげで、それに加える果物やナッツやスパイスなどのフレーバーがより明確に感じられるようになったのだ。こうしてベースのスピリッツの品質が向上する前は、含まれた不純物が邪魔をしてリキュール製造者が意図したとおりのフレーバーが出なかったり、いくぶん損なわれたりしていたのだった。

◉きわめてフランス的なリキュール

連続式蒸溜器ができ、砂糖の供給が確保できるようになると、リキュールはより微妙に異なる味のものを、より手頃な価格で、より大量に求められるようになった。ざっと見るだけでも、新作のリキュールや、19世紀に現れた新興ブランドのリキュールの生産量が格段に増えていたことは間違いない。カトリーヌ・ド・メディシスがイタリアからフランスの宮廷に蒸溜業者を連れてくる前から、フランスには――あまり洗練されたものではなかったとしても、そして薬用を目的とするものだったり、限られた地域だけで飲まれるものだったりしたとしても――薬酒のコーディアルを作るだけの基本的な蒸溜技術は存在していた。

フランスで独自に生まれたブランドのいくつかは、いかにもフランスらしい性格をもっている。有名なシャルトルーズとベネディクティンはどちらも修道院発祥の薬酒が起源だ。修道士は薬剤師としての役割も務めていて、周囲の野原から集めてきた薬草を使ってアルコールを含む水薬を作っ

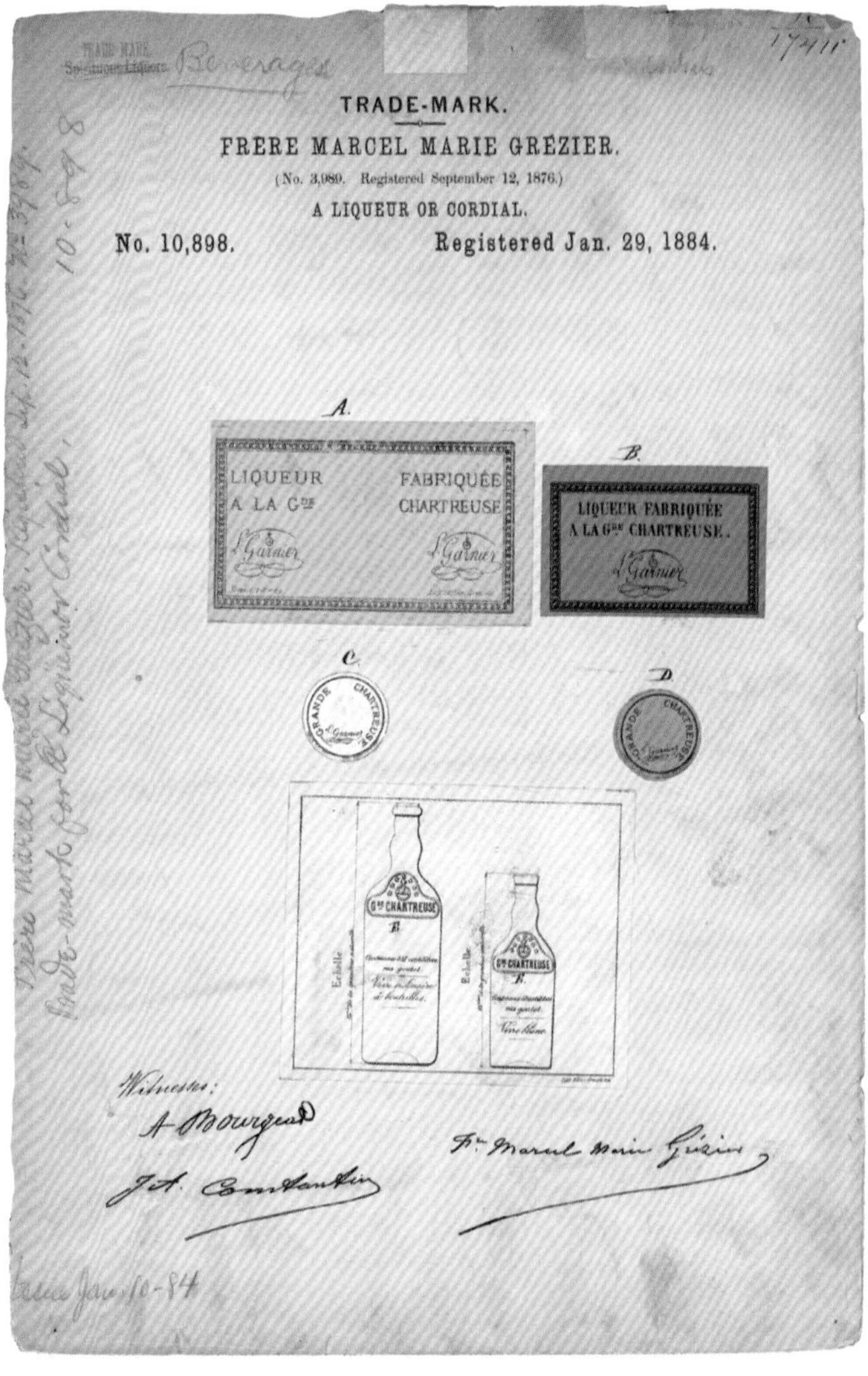

シャルトルーズの「あるリキュールまたはコーディアル」の商標登録証。1884年の日付がある。

ており、そのいくつかは現代のリキュールに発展しているのだ。

シャルトルーズというリキュールの歴史は、カルトジオ会の修道士がヴォヴェールに修道院を建てた1257年までさかのぼる。パリの外れにあるその修道院で、修道士たちは錬金術師でもあったアルナルドゥス・デ・ビラノバとその弟子のラモン・リュイと出会い、彼らの作る「命の水」（蒸溜酒）からヒントを得て薬酒を作り始めた。そしてグルノーブルの近くに建設されたグランド・シャルトルーズ修道院で、「グランド・シャルトルーズ修道院の薬草酒」のレシピが完成されたのだ。これに関しては1764年に書かれた「シャルトルーズの薬酒の誕生」と題する文書に記録されている。アルコール度数の高いこの薬酒は今も修道士たちによって作られていて、伝統あるシャルトルーズ・リキュールのベースになっているようだ。そしてその鮮やかな黄色と緑の色あいは、シャルトルーズ・イエローとかシャルトルーズ・グリーンという色の名前になっている。リキュールのシャルトルーズ・ジョーヌ（ジョーヌはフランス語で黄色のこと）の製造は1840年から始まり、1852年にブランドとして商標登録された。

ベネディクティン［日本ではこの名称が一般的だがフランス語の発音はベネディクティーヌ］の起源もシャルトルーズの起源と同じように、ベネディクト会の修道士が1510年にノルマンディー地方のフェカンに大修道院を建設したことに始まる。この修道院はフランス革命時に閉鎖されたが、1863年に地元のワイン商だったアレクサンドル・ル・グランが、存命していた最後の修道士からレシピを聞きだして製造を始めた。彼は修道会への敬意をこめて、このリキュールの名称にD・

O・M（Deo optimo maximoもっとも気高く偉大な神）と付けくわえている。

ここに挙げたふたつのハーブ系リキュールがフランスを代表するものなのは確かだが、それ以外にもいかにもフランス的だと見なされているリキュールの種類がふたつある。それがクレーム［クリームを意味するフランス語］系とオレンジフレーバーのトリプルセックで、どちらもリキュール界に大きな影響を与えたカテゴリーだ。クレーム系のリキュールと言っても、乳製品のクリームは一切使われていない。ここでいう「クレーム」は、リキュールの舌ざわりや喉ごしといった感触がなめらかなことを意味している。クレーム系のリキュールは一般的なリキュールと比べて砂糖を多く含み濃厚な甘さを感じさせる。ECが定める基準では、リキュールは1リットルにつき100グラムの砂糖を含んでいなければならないのだが、クレームを名乗るには200グラムの砂糖を含むことが要求されている。

クレーム系の代表的なリキュールに、クレーム・ド・カシスとクレーム・ド・マント［マントはフランス語でミントのこと］がある。ディジョンでリキュールを製造していたオーギュスト・ドニ・ラグートは1841年に、ディジョン周辺にたくさんあったカシス（黒スグリの実）を使って初めてクレーム・ド・カシスを作った。カシスを使ったリキュールはどこでも作れるが、「クレーム・ド・カシス・ド・ディジョン」の呼称はディジョン産のカシスをつかったものだけに許されている。

1885年には薬剤師だったエミール・ジファールが、仲間のジャン＝ピエール＝ジョゼ・ダルセが作った昔ながらのミント味の飴「ヴィシー・トローチ」からヒントを得て、マント＝パスティーユ［パスティーユはのど飴のこと］という名のリキュールを作った。クレーム・ド・マントには透明なもの（ホワイト）と緑色のものがある。どちらもミントの香りがあるが、色によって使われ方が違う。澄んだ緑色のものはグラスホッパー（クレーム・ド・マント、クレーム・ド・カカオと生クリームで作る）などミントグリーンの色を活かすカクテルに使われている。

フランスにはクレーム系のリキュールと並んでもうひとつ、特徴あるオレンジ系のリキュールがある。じつはフランス北部のフランドル地方は、オランダの向こうを張ってキュラソーの発祥地を名のる権利があった。しかしフランスのトリプルセックはオランダのキュラソーとは異なる道を選んだ。オレンジキュラソーはブランデーをベースに単式蒸溜器［銅製の釜を使い、1回ごとに中の溶液を入れ替える］で作られるが、トリプルセックはまったく違う。連続式蒸溜器を使って雑味のない透明なスピリッツを作るのだ。さらにトリプルセックはキュラソーより加える砂糖が少ないので甘さは抑えられ、アルコール度は高くなる。

こうして生まれる辛さが、トリプルセックの名前の由来だ。フランス語の「セック」は英語の「ドライ」に当たる。つまり3倍辛いと言っているのだ。もっとも、この「トリプルセック」は「3回蒸溜した」という意味だとする説もあれば、「トリプル」は「3種類のオレンジを使った」という意味だという説もある。あるいは単にひとつのマーケティング手法にすぎないのかもしれない。

コンビエ社は1834年にトリプルセックを最初に作ったと主張し、コアントロー社は1849年から同社のオレンジフレーバーのリキュールであるコアントローをトリプルセックと名づけた。

1930年代にシャルル・ルーポが描いたコアントローの宣伝ポスター。ルーポはイタリアの画家ニコラス・タマーニョが1898年に仮面劇の人気者であるピエロを描いた「ピエロ・コアントロー」のラベルを一新して、現代的なラベルをデザインするよう依頼された。この新バージョンには1930年代のアールデコの雰囲気が見られる。

1891年にはルイ＝アレクサンドル・マルニエが自分の名をつけたオレンジのリキュール、グランマルニエをロンドンのカフェロイヤルのために作り、大流行させた。このコニャックをベースにした琥珀色のリキュールのグランマルニエも、基本的にはキュラソー＝トリプルセックのグループに属するものだ。

フランスではほかにも多くのリキュールが誕生してきたが、すでに姿を消したものも多い。しかしここに挙げたものを含め、今も残るいくつかの製品の名はリキュール界に不動の地位を占めている。

◉営利主義と体系化

次々にリキュールの新ブランドが出てきたフランス（その他の国もそうだったが）では、リキュールについての明確なルールを定めること――さらには蒸溜法そのものについてもそれぞれの適正な方法を明確に定義すること――を求める声が高まっていた。それぞれの家庭で主婦が病気の家族のために薬酒を造ったり、一地方の商人が近隣の客のために健康に良い薬酒を作って売ったりすることと、企業家が蒸溜所を作って毎日、大規模にリキュールを製造して消費者に届けることとはまったく別の話だ。

リキュールを見る目が変わってきたことは、1651年にジョン・フレンチが書いた『蒸溜の方法*Art of Distillation*』とピエール・デュプレが1866年に書いた『リキュール製造とアルコールの蒸溜に関する考察*A Treatise on the Manufacture and Distillation of Alcoholic Liquors*』とを比べてみればよくわかる。フレンチのマニュアルかレシピ集のようなものは50ページそこそこの冊子で、錬金術への言及があったり、特定の症状を治すための処方が書かれていたりする。それに対してデュプレの著作は500ページ以上にわたって、蒸溜技術の説明や蒸溜とは何かという定義までを詳細に語っているのだ。実際のところ、リキュールについてだけ書かれた部分は、フレンチの冊子全体と同じくらいの量しかなかった。

デュプレの著作の第2部は特に「香りをつけた水、リキュール、抽出物《エッセンス》など」をとりあげていた。そこには、それぞれが特定の目的のために製造される果物の皮やハーブなどを漬けこんで香りをつけた水、エタノールと水の混合物に生薬やハーブを漬けこんだチンキ、その他あらゆる抽出物についての解説があった。デュプレはさらに砂糖について、特にシロップに砂糖を使うときに注意すべきことを50ページ以上にわたって書いている。砂糖については「リキュール製造に使う砂糖はサトウキビまたはテンサイを原料とするものだけを使うべきだ」とわざわざ書いている。そしてこの2種の砂糖は「同程度まで精製したものならまったく違いはない」とも指摘していた。

このように2種類の砂糖についてはリキュールにどちらを使ってもいいとしたデュプレだが、出来上がったリキュール全体の品質は、さまざまな要因によって異なってくると強調している。その要因として彼は、リキュールの等級は「製造過程で用いられるアルコール、香料、砂糖、水の比率およびそれらの下準備の方法で決まってくる」と書いていた。

デュプレによるリキュールの等級は、下から「普通 ordinaire」「中級 demi-fine」「上級 fine」「最上級 surfine」となっていた。そして等級を決める基準として、スコットランド人化学者トマス・トムソンが考案した糖度計——水より比重が大きいものの量がわかる浮き秤——の使用を勧めていた。こうして具体的に計量することには、製造するたびに品質がばらつくことがなくなるだけでなく、規定の比率どおりに製造されたことの証明になるという利点もあった。

リキュールに加えられる砂糖と水の量も、等級により異なっていた。等級が上のものには多くの砂糖が使われている。「最上級」に使われる砂糖の量は「普通」の2倍以上だ。反対にアルコール度数を下げる水の量は等級が高いほど少ない。要するに等級が高い物ほど砂糖の含有量が多く、アルコール度数が高く、それ以外の材料も品質が良いのだ。

リキュールにつけられる名前も、品質の良し悪しを知る手がかりになる。「普通」のリキュールには、オー・ド・ノワイヨ Eau de Noyau やユイル・ド・ローズ Huile de Roses のように「ユイル（オイル）」とか「オー（水）」がついていることが多い。「最上級」になると「クレーム」や「エリクシール」がつく。デュプレの時代に作られていたリキュールで言えば、「最上級」をさらに「フランス産、外国産、西インド諸島産」に分けていた。デュプレはまた、19世紀にも根強い人気を保っていたラタフィアについても言及している。

現在では、おもな材料の名前をそのまま名前に使ったリキュール——クレーム・ド・カシス、アニゼット、マラスキーノなど――も多く、またシャルトルーズやコアントローのように長い歴史をもつ名前もある。しかしデュプレの時代のリキュールの名前には、もっと怪しい魅力を感じさせるような名前（ただし長くは続かなかったが）があったようだ。彼によれば、

リキュールの名前には風変りなものが多く、無限のバラエティに富んでいたので、ここにすべてを記すことはできない。さらに「シャトーブリアンのエスプリ」「ダブド＝エル＝カディール」「ド・ナポレオン」「ボルカのリキュール」「ド・ラ・クローヌ（王冠の）」などなど、まさに好き放題の命名であり、何の考えも意味もない。ただの思いつきで、新しく色鮮やかなラベルをつけたり、色を変えたりして、昔からあった製品を何か新しいもののように見せようとしているだけだ。

粗悪なリキュールが出回っていたのは確かなようで、デュプレは著書で粗悪品の見分け方を詳しく教えている。この時代、蒸溜に関する手引書はほかにもたくさん書かれていたが、デュプレの著書はリキュール製造者のあいだでは知る人ぞ知る必読書となっていた。自分の著書がどれほどの影響力をもつことになるか、彼自身が気づいていたかどうかはわからない。しかし人々が気晴らしを求め、余暇を楽しめるようになってきた世相の中で彼の果たした役割は大きかった。

革命後から19世紀を通して、フランスはその熱意と明らかに優れた技術によって、一躍リキュールの世界をリードする位置に躍り出る。血にまみれた1789年のあと、新たな産業が生まれ、経済は活気づいた。その結果、蒸溜酒の業界も製造のスピードが上がり、低コストで効率的に操業できるようになった。政治と社会の大混乱が終結して生活は安定をとりもどし、人々に時間の余裕が生まれた。ヨーロッパ人のカフェやレストランや家庭での食生活も進化し、ほしい物は何でも手に入るようになった。リキュールもついに、人々が愉快に過ごすためのものとして、歴史学者ブローデルの言葉を借りれば「手の届く贅沢」になった。品質や価格の差はあるとしても、リキュールはほとんどだれでも手が届くものになったのだ。

リキュール産業はフランス以外の国々でも急成長していたが、フランスの影響をいちばん強く受けていたのがイタリアだった。フランス語の「生きる喜び joie de vivre」とイタリア語の「甘い生活 dolce vita」は、どちらも彼らが理想とする気ままで甘美な喜びに満ちた生活を示す言葉だった。このふたつの国に代表されるライフスタイル——友人たちとカフェで時をすごし、食事となれば食前酒から食後酒まで長い時間をかけて楽しむ生活——は、ヨーロッパの他の国々にも広まっていた。そうした日常と切り離せないのが食前酒、食後酒として飲むためのリキュールだ。そのためのリキュールにはとくに苦味のあるものが好まれ、ヨーロッパを舞台に苦味のあるリキュールというカテゴリーが次第に勢力を伸ばすことになる。

第5章 ◉ 苦さの悦楽

すべての病気は腸から始まる。
ヒポクラテス

フランス革命の影響は全ヨーロッパを容赦なくその渦に巻きこみ、どこであろうと抑圧されてきた民衆は平等を求めて立ちあがる勇気を得た。多くの国で社会構造の変革が始まり、科学や産業が発展して経済力が高まった。しかしヨーロッパ北部の多くの国がそうした方向に前進する一方で、南のイタリアは進むべき道を見失っていた。

中世においては、地中海に面するイタリアは海上交易を支配して強靭な国土基盤を築きあげ、全ヨーロッパに強い影響力をもつ存在となっていた。東方の文化にもいち早く接することができたイタリアの錬金術師は西洋世界で初のリキュールを製造し、ルネサンス期には人文主義《ユマニスム》思想への道を開いた。しかしこうした貢献をしていた当時のイタリアは、北部のフィレンツェ共和国やヴェネツィア共和国、中部から南部にかけてはローマ教皇領、ナポリ王国などの都市国家が個別に活動していた。統一国家としてのイタリアはまだ存在せず、イタリア半島のほとんど（とくに南部）は農地だった。全体をまとめる政府が不在のまま、イタリアは周辺のヨーロッパ諸国（おもにフランスとオーストリアおよびスペインのハプスブルク王朝）の領土争いに振りまわされていた。イタリアの支配権をめぐるイタリア戦争（１４９４－１５５９年）の結果、イタリアはいくつもの異なる王国、公国、共和国に分裂していた。

イタリアがこうした不穏な状況にあったころ、ドイツでは１５１７年にマルティン・ルターが「95箇条の論題」を発表してローマカトリック教会の堕落を攻撃し、宗教改革運動が始まる。カトリック教会側は反論をくり広げて激しく応戦したため、政治的にも宗教的にもさまざまな立場をとっていたヨーロッパ諸国全体を巻きこむ宗教戦争が起こった。改革派を抑えるためにカトリック教会がユマニスムを異端としたため、イタリアではガリレオを含むルネサンスの知識人の多くが異端と宣告され、破門された。

それとは別にイタリアにとって不幸だったのは、かつての栄光をもたらした地中海沿岸という地理的な好条件が、おもに大西洋を舞台とした大航海時代には不利な条件となったことだ。新大陸到達の偉業を指揮したコロンブスやヴェスプッチはイタリア人であり、多くの乗員もイタリア人だったが、彼らが乗っていたのはイタリアの艦船ではなかった。１６００年になると、ルネサンス期に圧倒的な勢いを誇ったイタリア地域の経済は完全に力を失い、住人は困難な生活を送ることになっていた。統一国家としての主体をもたないイタリア各地の住人は、ルネサンスがもたらした科学の

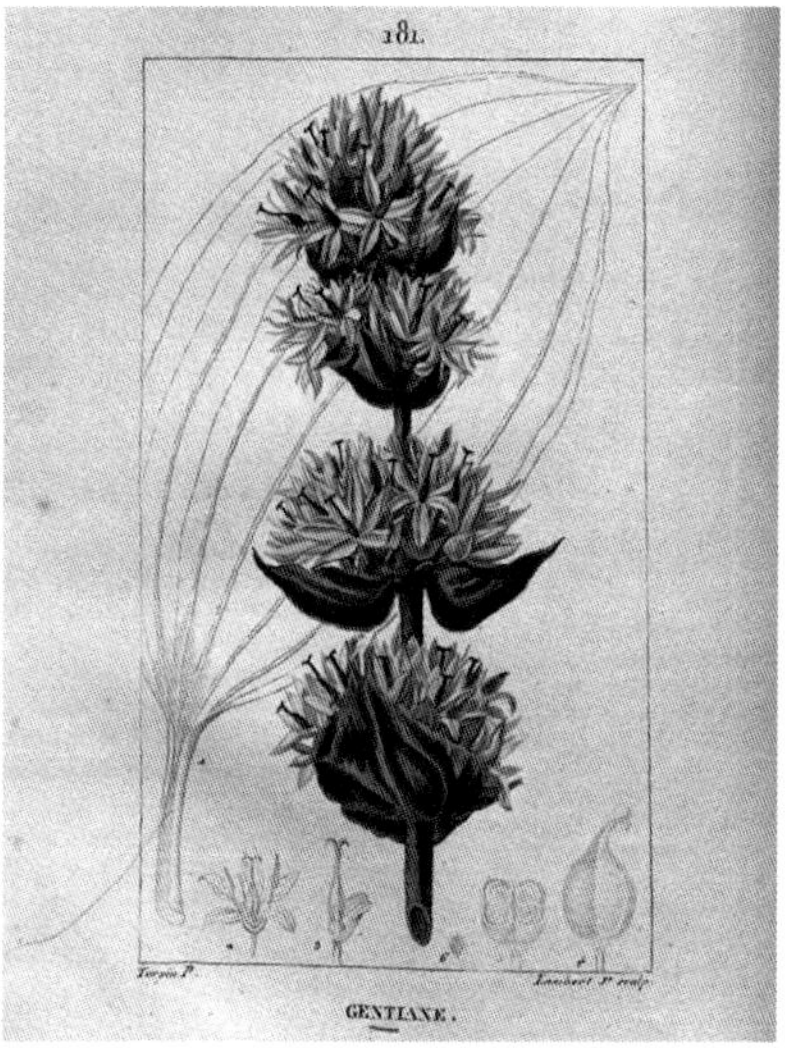

リンドウ科の植物ゲンチアナ。根茎を乾燥した生薬ゲンチアンには自然界でもっとも苦い物質が含まれている。

進歩からもユマニスムから発展した啓蒙思想からも、ほとんど恩恵を受けないままだった。このような状況では、大規模な市場をめざすリキュール製造業が確立するわけもなかった。実際のところ、1700年代後半になるまではフランスとオランダがリキュール業界を支配していた。西洋世界で最初にリキュールらしきものを作ったイタリアが、統一国家としての基礎を固めて啓蒙思想が活発に議論されるようになった近隣の国々に先を越され、暗闇の中でもがくことになるとは皮肉なことだった。

しかしフランス革命が起こったことで、少しずつではあったがすべてが変わった。1798年にナポレオンがローマに侵攻してローマおよび北部イタリアにローマ共和国の樹立を宣言したとき、それを歓迎した住人はほとんどいなかった。しかしナポレオンの行動は、少し前から水面下で広がっていたイタリアの住人たちの変化を求める心に火をつけた。ほとんどの歴史書でフランス風のナポレオン・ボナパルトという名で語られ、近い将来フランス皇帝にまで上りつめるこの人物は、元はといえばジェノヴァの支配下にあったコルシカ島の生まれで、ナポレオーネ・ブオナパルテという名前だった。彼はフランス人というよりイタリア人的な人物だったかもしれない。

フランス革命の理想を語りつつ、ナポレオンは19世紀半ばにイタリアにリソルジメント（統一）運動が起こるための種子をまいていたのだ。こうしてイタリアは、封建的な都市国家の寄せ集めから、心をひとつにして産業化に進もうとするひとつの国へと徐々に姿を変えていくことになる。そうなれば当然、イタリアのリキュール産業も盛りあがっていく。

19世紀初めから20世紀に入るまでのあいだに、甘味のあるイタリア産のリキュールが登場した。ルクサルド社は１８２１年にルクサルド・マラスキーノ・オリジナーレを発売してリキュール業界に参入した。材料である酸味の強いマラスカ種のチェリーはザラ産だった。かつてはヴェネツィア共和国が支配するダルマチアの主都だったザラは、今はザダルと呼ばれるクロアチアの町である。今ではルクサルドは世界市場に進出し、アメリカ合衆国、キューバ、中国、日本などで販売している。

ラッツァローニ家は、アマレット――彼らがアマレッティ・デル・キオストロ・ディ・サローノと名づけて売っていたアーモンドクッキーのフレーバーをつけたリキュール――を最初に売り出したのは１８５１年だと語っている。その同じ年にルイージ・マンツィはグリーンアニシード（アニスの実）を使った食後酒サンブーカを発売している。次いで１８６０年には古くからあった薬草酒

ルクサルド社の輸出用カタログは看板商品のマラスキーノ以外にも7つのリキュールを紹介している。

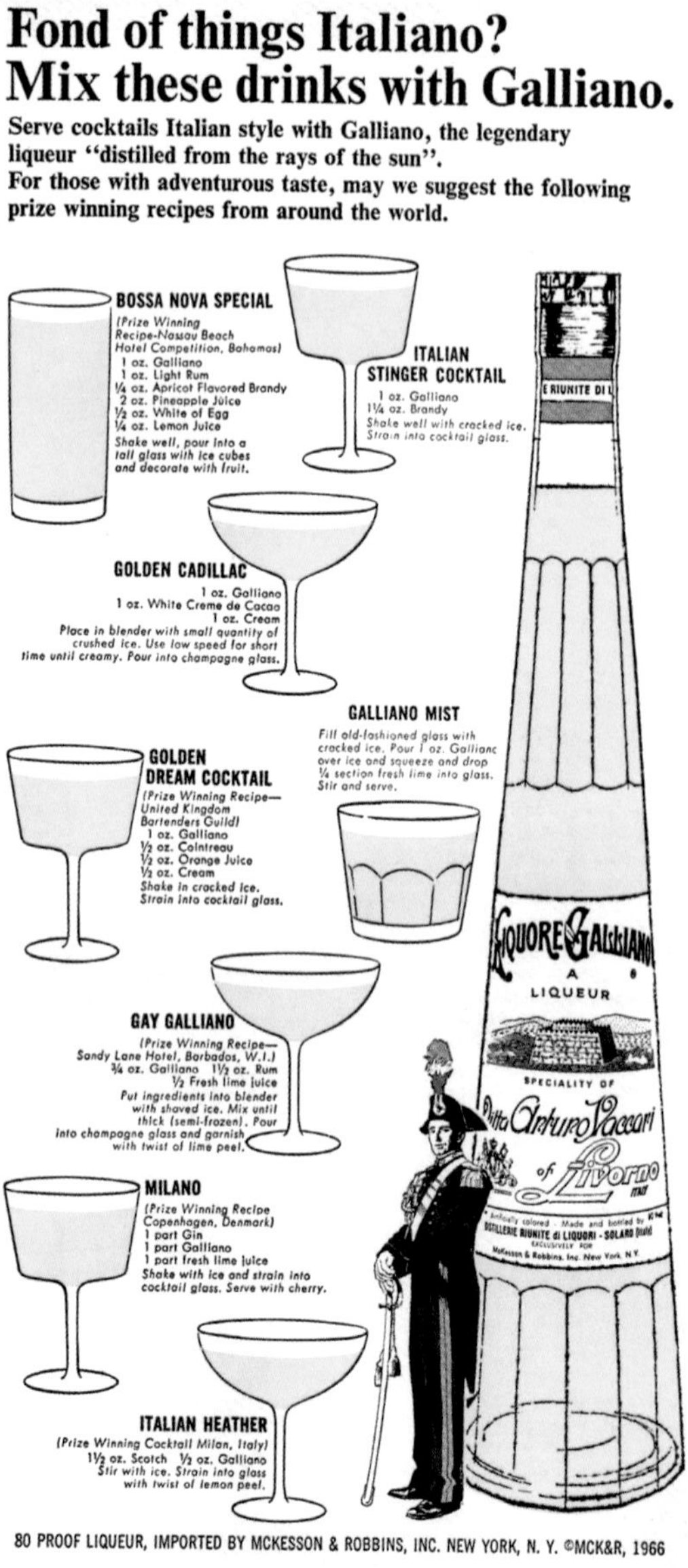
Fond of things Italiano?
Mix these drinks with Galliano.
Serve cocktails Italian style with Galliano, the legendary liqueur "distilled from the rays of the sun".
For those with adventurous taste, may we suggest the following prize winning recipes from around the world.
BOSSA NOVA SPECIAL
(Prize Winning Recipe-Nassau Beach Hotel Competition, Bahamas)
1 oz. Galliano
1 oz. Light Rum
¼ oz. Apricot Flavored Brandy
2 oz. Pineapple Juice
½ oz. White of Egg
¼ oz. Lemon Juice
Shake well, pour into a tall glass with ice cubes and decorate with fruit.
ITALIAN STINGER COCKTAIL
1 oz. Galliano
1¼ oz. Brandy
Shake well with cracked ice. Strain into cocktail glass.
GOLDEN CADILLAC
1 oz. Galliano
1 oz. White Creme de Cacao
1 oz. Cream
Place in blender with small quantity of crushed ice. Use low speed for short time until creamy. Pour into champagne glass.
GALLIANO MIST
Fill old-fashioned glass with cracked ice. Pour 1 oz. Galliano over ice and squeeze and drop ¼ section fresh lime into glass. Stir and serve.
GOLDEN DREAM COCKTAIL
(Prize Winning Recipe—United Kingdom Bartenders Guild)
1 oz. Galliano
½ oz. Cointreau
½ oz. Orange Juice
½ oz. Cream
Shake in cracked ice. Strain into cocktail glass.
GAY GALLIANO
(Prize Winning Recipe—Sandy Lane Hotel, Barbados, W.I.)
¾ oz. Galliano 1½ oz. Rum
½ Fresh lime juice
Put ingredients into blender with shaved ice. Mix until thick (semi-frozen). Pour into champagne glass and garnish with twist of lime peel.
MILANO
(Prize Winning Recipe Copenhagen, Denmark)
1 part Gin
1 part Galliano
1 part fresh lime juice
Shake with ice and strain into cocktail glass. Serve with cherry.
ITALIAN HEATHER
(Prize Winning Cocktail Milan, Italy)
1½ oz. Scotch ½ oz. Galliano
Stir with ice. Strain into glass with twist of lemon peel.
LIQUORE GALLIANO
A LIQUEUR
SPECIALITY OF
Ditta Arturo Vaccari
of Livorno
DISTILLERIE RIUNITE di LIQUORI - SOLARO (Italy)
McKesson & Robbins, Inc. New York, N.Y.
80 PROOF LIQUEUR, IMPORTED BY MCKESSON & ROBBINS, INC. NEW YORK, N. Y. ©MCK&R, 1966

1966年のガリアーノの広告に見られるように、1960年代、70年代には「イタリア製が好き？（Fond of Things Italiano?)」キャンペーンをくり広げてアメリカの消費者にイタリアのリキュール文化を売りこんでいた。

1902年のストレーガの広告。深夜に集まった魔女たちが月の光をたよりにクルミを集めたという伝説にちなんだもの。

のレシピを参考にしたストレーガが登場した。魔女を意味するストレーガという名前は、カンパーニャ州ベネヴェントで魔女の集会が開かれたという伝説にちなむものだ。1875年には、ニコラ・パッリーニがアニス、ロゾリオ、バニラ、シナモン、アーモンド、リモンチェッロを使ったリキュールの製造を始めた。現在ではパッリーニのリモンチェッロとロマーナ・サンブーカはよく知られたブランドだ。20世紀に入るころには薬草とバニラを使ったガッリアーノ（1896年）、アマレット・ディ・サローノ（1900年代初頭）が発売された。とくにストレーガ、ガッリアーノ、サローノ（現在はディサローノの名で知られている）は１９６０年代および１９７０年代のアメリカでよく売れて、さまざまなカクテルに使われていた。

ここにあげた有名ブランドのほかにも、リモンチェッロ、マラスキーノ、サンブーカなどは多くの業者がノーブランド品（ジェネリック）を作っている。ほかにもイタリア各地にそれぞれの土地の住人の好みに合わせてリキュールを作っている小規模の蒸溜所がある。たとえばヴェネツィアにはフラゴリートというイチゴのフレーバーのリキュールが、エミリア＝ロマーニャ州にはクルミのリキュールがあるといった具合だ。ある意味では、先祖代々伝えられてきたレシピを使い、その土地の伝統に根ざして生まれるこうしたリキュールこそ、イタリアのリキュールの本当の姿を体現するものかもしれない。

◉食前酒と食後酒

ここまでに紹介した甘さの強いリキュールは、糖分を好む人々の期待に応えようとしたものだった。しかしそれとは正反対の、薬酒としての過去を思い出させる一連の苦いリキュールも登場している。昔の治療者たちは苦い植物が胃の不調を治すことを知っていた。人間の健康にとって、食べた物をきちんと消化することがいかに重要かについては、すでに古代ギリシアの医師ヒポクラテスも語っている。ヒポクラテスは四体液説をもとに健康の維持には体液のバランスを調整する代謝作用が何より重要だと強調していた。腸の不調がすべての病気の根源だというのは大げさかもしれないが、ヨーロッパで苦いリキュールが誕生し、今も食事の前後に消化を助けるためと称してそれを飲む人々がいることに、少しは影響しているのかもしれない。

苦いリキュールにもいろいろあるが、消化器系を刺激するための苦味があることだけはすべてに共通している。食前酒《アペリティーヴォ》は食欲を刺激するために飲まれ（ラテン語のアペリオ aperioは「開く」の意味）、食後酒《ディジェスティーヴォ》は消化をよくするために飲む（ラテン語のディジェスティオdigestioは「消化する」の意味）。

苦味のあるリキュールというカテゴリーには、イタリア語アマーロ（苦いamaro）、フランス語アメール（苦いamer）、ドイツ語ハルプビター（半分苦い halbbitter）という呼び方もある。意外なことに、誰でも苦いという言葉の意味は知っているつもりだが、ある物が苦いか苦くないかという話になると意見が分かれることがある。「苦い」には唯一の決定的な定義はないのだ。辞書を見れば「舌を刺激する不快な感じ」とか「焦げたような不快な感じ」とか書いてあるが、よくわからない。各人の遺伝的傾向や育った環境の食文化の違いよって「苦さ」の感じ方が変わってくる。これが甘味を好む文化もあれば苦味を好む文化もある理由のひとつかもしれない。

現代の私たちがどの程度の苦味までがまんできるかは別としても、自然界には苦くて毒になるものが数多くあり、人間の身体は苦いものを拒絶するように進化してきた。たしかに昔からラタフィアのフレーバーづけに使われてきた桃やサクランボの硬いタネの中にある仁《じん》または核と呼ばれる部分には有毒なシアン化物が含まれている。しかしここ10年ほどの研究で、苦味の役割は危険な毒物の存在を知らせるだけではないらしいことがわかってきた。

私たちの舌は、しびれるような不快な刺激に触れるとTAS2Rと呼ばれる苦味受容体《レセプター》を起動させ、その刺激が消化器系の活動を活発にするのだ。まず舌にある味蕾《みらい》にある受容体が毒物を体内に入れまいとして唾液を作る指令を出す。胃の中では胃液を作る指令を出し、毒物を長く胃の中にとどめて消化することで体外に排出しやすくしようとする。

苦味のあるリキュールは、毒ではなくてもそれと同じような反応を起こさせ、消化活動を促進する。食前に飲めば唾液の製造を促し、食欲を増進させる。次に胃が食べたものをゆっくり消化することによって、より有効に栄養を吸収できることになるのだ。

◉イタリアの苦いリキュール、アマーロ

酒好きの歴史学者である私に言わせれば、アマーロは中世イタリアの修道院や薬局で生まれた薬草入り水薬の、世代を重ねた子孫だ。イタリア語でアマーロは苦いという意味だが、蒸溜酒に苦い薬草などを漬けこんだ飲物のアマーロと、カクテルにそのフレーバーを加えるために入れるアンゴスチュラ［南米産のアンゴスチュラの樹皮］のようなアマーロ（苦味）とは区別する必要がある。

アマーロを定義するのは難しい。苦いピリッツを試飲したり注文したりできるニューヨーク初のバー「アモール・イ・アマルゴ」でチーフ・バーテンダーを務めるソザー・ティーグの定義は「地域や製造者によってまったく異なる個性をもつ飲物」だ。しかしティーグによればアマーロの個性は値段の違いでしかわからない。なぜなら「アマーロの定義が確立されていないからだ。実際にはアマーロを定義する言葉には『苦い、甘い、リキュール』の3つしかない」のだ。イタリアのグラッパはポマースと呼ばれるブドウの搾りかすを醱酵させた酒をベースに何度も蒸溜してアルコール度を高めたアマーロだが、いろいろな穀類を原料とする醱酵酒を何度も蒸溜して度数を高めた中性スピリッツもアマーロだ。何をベースにしてどの程度まで蒸溜を繰りかえすかで、アルコール度数にも15パーセントから45パーセントまでの幅が生じる。そのうえ、漬けこむ薬草、花、樹皮、スパイスの種類や配合も千差万別なので、そこから生まれる味と香りの違いは数えきれないほどになる。

修道院や薬局で生まれた遠い先祖は別として、近代に限って見ればアマーロの歴史は1786年のピエモンテ州トリノにさかのぼることができる。その年、アントニオ・ベネデット・カルパーノが現在のアマーロに使われているような苦味のある多様な植物を白ワインに漬けこんだベルモットを初めて製造したのだ。ピエモンテ公ヴィットリオ・アマデオ3世がその味と香りにすっかり魅せられてしまったので、ベルモットはトリノを代表する食前酒となった。この薬草系のフレーバードワインの人気が、1880年代におこるスピリッツに苦味をつけたリキュールの人気の先駆けとなったのである。

ベルモットの流行がイタリアでも進歩的な気風をもつピエモンテ州のトリノから始まったのは、偶然ではない。トリノは1802年にフランスに併合された結果、社会構造や産業の面でフランスの影響を受けるようになっていたのだ。初期のイタリア製リキュールのブランド——苦いものも甘いものも——が、産業化と国際化の進んだいくつかの都市で生まれたのは当然のことだった。産業化の進んだ都市には先進的な文化も入ってくる。カフェは流行のリキュールを飲むための絶好の場所として繁盛することになった。ヴェネツィアのカフェ・フローリアン（1720年）に始まるイタリアのカフェ文化は急激に拡大していく。フィレンツェのカフェ・ジッリ（1733年）、トリノのカフェ・フィオーリオ（1780年）とバラッティ・エ・ミラノ（1858年）、ミラノのカフェ・ズッカ（1867年）をはじめ、多くのカフェが次々に誕生した。自分のアマーロを広めるためにみずからカフェを開く野心的な生産者もいた。フランスでもそうだったように、イタリアでもカフェは酒をのみながら政治や文化について議論するのにぴったりの場所になった。19世紀には多くのカフェがバルに姿を変えていたが、イタリア語でバーを意味するバル（BAR）は「リフレッシュするためのカウンター Banco a Ristro」の頭文字だった。

アルコール度数の低いアマーロには食前に飲まれるものもあり、その場合は炭酸水で割ったり、グラスの上でオレンジの皮をひねって風味を与えたりすることが多い。しかしほとんどの場合、アマーロは消化促進のための食後酒として飲まれている。フランスで食後に飲む酒をシャッス・カフェ（chasse-café）［「追いかける」を意味する動詞chasserから］と呼ぶことがあるように、イタリアでもアマッツァ・カフェ（ammazza-caffè）［「殺す」を意味する動詞ammazzareから］などと呼んでエスプレッソを飲んだあとに楽しむ。

スピリッツをベースにしたアマーロのラマゾッティが初めて製造されたのは1815年のことだった。薬草に詳しいうえにすぐれたビジネスセンスの持ち主だったアウザーノ・ラマゾッティは、自分が経営するミラノのカフェでそれを売り、酒にうるさい顧客たちの支持を得た。彼が組み合わせた薬草、スパイス、果実、花――たとえば竜胆《ゲンチアン》（リンドウの根茎を乾燥させたもの）、ルバーブ、スイートオレンジの果皮、コーラナッツ（コーラノキの実）、シンコナ（キナノキの樹皮）――などの組みあわせを見ればアマーロとはどんなものかがわかる。要するに芳香があり、苦く、ちょっぴり甘い飲物だ。

この時代には多くのスピリッツ製造者たちが独自の工夫をこらし、アマーロにそれぞれの土地の植物を使って独自性を強調していた。そして市場に出まわるアマーロの種類が増えるにしたがって、アルプス系、ラバルバロ［イタリア語でルバーブの意］、カルチョーフォ、レッドビター、フェルネットなどの下位区分が生まれた。たとえばブラウリオ（1875年発売）は、竜胆などアルプスの植物由来の原料を使い、山岳地帯で生まれたことを強調していたのでアルプス系に分類され、ラバルバロ・ズッカ（1915年発売）はラバルバロ系の代表的なアマーロになる。やや遅れて1952年に登場したチナールはカルチョーフォ（アーティチョーク）系とされた（もっともアーティチョークはこの種のアマーロに含まれる植物原料のほんの一部にすぎないのだが）。

レッドビター系とフェルネット系については、それがカクテル文化に果たした役割を書いておこう。レッドビター系の代表的なアマーロであるカンパリ（１８６０年発売）とアペロール（１９１９年発売）は、それぞれネグローニ（カンパリ、ジン、スイートベルモット）とさわやかに泡立つアペロール・スプリッツ（アペロール、炭酸水、プロセッコ［スパークリング白ワイン］）というカクテルで有名だ。カンパリもアペロールもオレンジのフレーバーが強いが、カンパリのアルコール度数24度のものは11度のアペロールよりずっと薬のような匂いが強い。当然ながらレッドビター系に分類されたアマーロは鮮やかな紅色をしている。この色については、昔はカイガラムシの一種から採った染料で付けられていたが、今は別の食用色素が使われている。

一方フェルネットのいちばん有名なブランドはフェルネット・ブランカ（１８４５年発売）なのだが、ほとんどの人はフェルネットがブランド名ではなくてアマーロの分類のひとつであることを知らない。フェルネット系はリコリス、ミント、メンソールなどがまじりあって強烈な個性を主張するアマーロだ。どのブランドのフェルネットも、口に入れれば舌に軍隊が突撃してきたような衝撃に襲われる。

その攻撃的な個性にもかかわらず、もしくはその個性のゆえに、世界にはフェルネット・ブランカを熱烈に愛するファンがいる。そもそもはコレラに効く薬酒として作られていたアマーロが突然に食後酒としての人気を獲得したきっかけは、イタリアの日刊紙コリエレ・デッラ・セーラが創刊時（１８７６年）に掲載していた広告の中で医療関係者がアマーロの健康効果を絶賛していたこと

フェルネット・ブランカの宣伝用カード。多色石板刷り。1870年－1900年頃。

だった。しかし健康増進のために飲まれるだけでなく、フェルネット・ブランカは今では定番となっているカクテル、ハンキーパンキーでも重要な働きをしている。このカクテルはロンドンにあるサヴォイホテルのアメリカンバーで女性初のバーテンダーを務めていたエイダ・コールマンが1903年に考案したもので、スイート・マティーニにフェルネットを加えたものだ。1907年以後フェルネット・ブランカはブエノスアイレス、ニューヨーク、ミズーリ州セントルイス、イタリア国境に近いスイスの町キアッソに製造拠点を置いている。フェルネット・ブランカはイタリアではエスプレッソに混ぜたカフェコレット［コレット（corretto）はイタリア語で正しいを意味する］として飲まれることも多い。イタリアから見れば地球の裏側にあたるアルゼンチンはイタリアにルーツをもつ住人が多いのだが、アルゼンチンの都市部ではブランカとコーラを混ぜた「フェルナンド」というロングカクテル［背の高いグラスに氷とともに注ぎ、時間をかけて楽しむことのできるカクテル］が飲まれている。今では欧米を中心に世界中のバーで、バーテンダーが自分の店を訪れた他店のバーテンダーにアマーロを勧め、一緒に飲むことで仲間意識を高める儀式めいた陽気な習わしができていて、これは「バーテンダーの握手 bartender's handshake」と呼ばれている。

◉マジックアワー

イタリアにはナポレオンの時代に一時的にフランスに併合されていた地域があり、そうした地域ではフランスの生活習慣とイタリアの生活習慣とが混じりあって独特の文化が成立していた。そしてイタリアでアマーロに代表される食後酒の習慣が盛んだったように、フランス文化圏では食前酒《アペリティフ》の習慣が独特の文化を形成していた。「アペロをやろう」とフランス人が友人に声をかければ、それは「いっぱい飲もう」、より正確に言えば「アペリティフを飲もう」の意味だった。アメリカ人が「ハッピーアワー」と呼ぶ習慣〔酒を提供する店が平日の夕方に割引すること〕は1日の仕事を終えて一息つこうという陽気で軽い響きがあるが、アペロのほうはこれから始まるマジックアワー、つまり夕暮れのひと時を楽しもうという前向きさが感じられる。フランス人も仕事帰りに一息ついてアペリティフを飲むことはあるが、むしろ夕食の前や友人と集う前のひと時をじっくり楽しむ意味合いがある。酒を飲むことよりそれをきっかけに人と楽しい時間を過ごすことが重要なのだ。近年ではアペロ・ディナトワールといってアペリティフあるいはカクテルとブッフェ形式の食事を楽しむことが流行している。

フランスのアメールもイタリアのアマーロと同じように、苦味をもついくつかの成分が一体となってハーモニーを奏でている。しかしいちばん頻繁に現れるのはリンドウの根茎に由来するゲンチアン、キナノキの樹皮に由来するキンキナ、そして針葉樹に由来する原料だ。これらの苦み成分には他のどんなフレーバーと合わせても出来あがるリキュールでその存在を主張するだけの力がある。

ゲンチアンの苦味はアマロゲンチンと呼ばれる天然の苦味化合物によるものだ。この物質はとにかく苦くて、物質の苦味を測定する基準になっている。このリンドウ科の植物のゲンチアナという学名は、紀元前2世紀にさかのぼる古代ギリシア・ローマ時代にバルカン半島西部にあった王国イリュリア［最終的にはローマの属州にされた］の最後の王の名前から採られている。この王は戦いで負った傷の手当にゲンチアンを使った水薬を使っていたということだ。このリンドウ科の植物の学名ゲンチアナと混同しやすいのが、ゲンチアン・バイオレットという紫色の合成染料で、これはリキュールとは無関係だ。クレーム・ド・ヴィオレットという紫色のリキュールがあるが、染料のゲンチアン・バイオレットを使っているわけではない。リキュールの苦味として使われるのはリンドウ科のゲンチアナ・ルテアという植物の根茎で、この花は鮮やかな黄色なのだ。

ゲンチアンはイタリアのアマーロやドイツのビターにも苦味を補うために使われているが、フランスのいくつかのアメールではもっと中心的な働きをしている。中でもいちばん早く登場したのが1865年に発売されたボナール・ジェンチアーヌ＝キーナだった。これは名前にキーナと付いているため、キナノキの樹皮に由来するキニーネをベースとしたアペリティフに分類されることもある。しかしこのボナールにおけるゲンチアンの働きは、中心的な香りを生むものではないかもしれないが、必要不可欠だ。このリキュールのラベルには、ゲンチアンの存在を強調するように「冷えたジェンチアーヌをどうぞ」と記してある。

ボナールにやや遅れて1885年に登場したスーズは、比較的短期間のうちに苦味を好むフランス人の舌を魅了してアメールを代表するブランドになった。その円筒形のボトルに入った鮮やかな黄色のアメールはフランスのどこに行っても目につくようになり、キュービズムの大家ピカソも

1912年に『グラスとスーズのボトル』というタイトルのコラージュを制作している。1885年にはゲンチアンを前面に押しだしたサレールが発売された。このサレールとキンキナを売り物にしたデュボネ（1846年発売）は、どちらもフレーバードワインにスピリッツを加えてアルコール度を高め、薬草成分の香りをつけたものだった。したがって厳密にはワインであってリキュールの定義には当てはまらないのだが、アペリティフとしてリキュールと同じように扱われているし、リキュールだと信じこんでいる人もある。

ゲンチアンとキンキナはどちらもアペリティフには欠くことができない。キンキナは英語でいうシンコナのことでキナノキの樹皮を乾燥したもの、医薬品のキニーネの材料でもある。南米原産のキナノキはペルー近辺の先住民のあいだでは解熱剤として使われていた。それが1600年代にスペインから南米にわたったイエズス会宣教師たちに知られるようになり、宣教師たちがヨーロッパに持ちこんで、マラリアの特効薬として一躍脚光を浴びたのだ。

1820年、フランスの研究者が樹皮からキニーネを抽出することに成功し、それがマラリアの予防薬になることが判明した。その後10年ほどのうちに、キニーネはトニックウォーターから始まって多くのビター系リキュールに使われるようになった。今もフランス人が愛してやまないアメール・ピコンは1837年に蚊が多いアルジェリアに派遣されていたフランス陸軍の騎兵軍曹ガエタン・ピコンが作りだしたリキュールだ。まず感じるのはゲンチアンとビターオレンジのフレーバーだが、蚊が広めるマラリアに悩まされていた兵士たちはそのリキュールに含まれているキンキナの

『グラスとスーズのボトル』コラージュ、不透明水彩絵の具、木炭。パブロ・ピカソ。1912年。

治療効果に大いに助けられたので、この苦い飲物は「アフリカのアメール」と呼ばれるようになった。その後このアメール・ピコンはフランスのバスク地方からの移住者によってアメリカに伝えられ、ピコン、ブランデー、グレナデンシロップ、炭酸水で作るピコンパンチが流行することになる。

最後にフランスのアメールに使われる針葉樹《コニファー》の仲間をあげておこう。コニファー系の一連のアメールの香りはどれも、針葉樹の森の中を歩いているような爽快感をもたらしてくれる。アルマン・ギイのヴェール・サパンとドニゼット＝クランゲのグランド・リキュール・ド・サパンはどちらも樅《もみ》の木（サパン）の新芽を使っている。オーストリア産のジルベンツ・ストーンパイン・リキュールはアローラ松の若い松ぼっくりから出る樹脂のような香りをもっている。

アルプスの多くのスキーリゾートでは、スキーを楽しんだあとに飲むリキュール、ジェネピーが作られている。これも松の木に似た香りがするので一応コニファー系に分類できる。しかし主要な植物原料は松ではなくニガヨモギだ。ジェネピーにもいろいろなバリエーションがあり、イタリアのアブルッツォ地方で作られるとても強いリキュール、チェンテルベもそのひとつだ。ジェネピーもニガヨモギを使うリキュールだが、フランスのアブサンとは違う。アブサンは砂糖を加えていないので、厳密にはリキュールとは呼べないのだ。ただしアブサンの仲間でリコリス（甘草《かんぞう》の一種）の香りが強いペルノーとパスティスは、少量の砂糖が入っているのでスピリッツとリキュールの中間に位置する。

コニファー系の中でも、今はもう作られていないパインタール（松ヤニ）のリキュールは神秘的な雰囲気をまとっていた。タール（ヤニ）を意味するフランス語「グドロン」の名で知られていたこの飲物が誕生したのは中世のこと。その後アイルランド出身の主教で哲学者だったジョージ・バークリーが著書『サイリス＝タール水の効能に関する考察と研究 *Siris: A Chain of Philosophical Reflexions and Inquiries Concerning the Virtues of Tar Water*』（１７４４年）で絶賛したことで、タール水は万能薬として脚光を浴びることになった。バークリーは「万歳！　松を使ったこの飲物よ、永遠なれ！　高価なものではない。されど汝の効能は神がお授けになったものだ」とまで書いていた。流行に後れまいと多くの業者がタール水の製造を始め、消化を良くするその薬酒の健康効果を声高にふれてまわった。

ここで紹介したようなアマーロやアメールは、そもそもは修道院で胃腸の病気を癒すために作られ、飲まれていたわけで、基本的にはリキュール界の生きている化石だ。ところが１８００年代になるとこの薬酒が、フランス語の「ジョワ・ド・ヴィーヴル」（生きる喜び）、イタリア語の「ドルチェ・ヴィータ」（甘い生活）という言葉に象徴されるような文化的な暮らしのシンボルのように

アメリカのコロラド州にあるゴールデンムーン蒸溜所が製造したゴールデンムーン・アメール・ディ・ピコンは1837年に作られた有名なアメール・ディ・ピコンのレシピをもとにして作られている。この蒸溜所はアメール・アンティークとして古いアメールの再現に取りくんでいる。

イタリアからレモンを運んできたビガレ・エ・ジノ社の荷馬車。荷台の側面にタールを意味する「グドロン Goudrons」の文字が見られる。19世紀頃。

なっていく。社会における産業化とそれに伴う階層化の進展によってカフェやレストランを舞台とする文化が花開く。こうして、国によってはフランスやイタリアほどの儀式じみた熱狂には至らないとしても、アペリティフやディジェスティフへの需要は高まる一方だった。

オランダでは1700年代からイタリア発祥のペトルス・ブーンカンプというアマーロが飲まれていたが、中欧および東欧諸国でもハーフビターと呼ばれるビター系リキュールが好まれるようになっていた。ドイツではシュヴァルツホック（1700年）、ウンダーベルク（1846年）をはじめ多くのビター系リキュール（薬草酒《クロイター・リカール》と呼ばれることも多かった）が生まれた。現在もっともよく知られているのは1934年発売のイエーガーマイスター・リキュールで、イタリアのフェルネット・ブラ

イエーガーマイスターの広告。1959年。「ドイツでいちばん飲まれているハーフビター」と書いてある。

ンカに負けないほどの熱狂的なファンをもっている。ウニクム（1790年）はハンガリーの国民的リキュールだ。チェコのベヘロフカ（1807年）は、イギリス人医師のレシピにしたがって作られていたので当初はイングリッシュビターのキャッチフレーズで売りだされていた。南半球のアルゼンチンではアマルゴ・オルベロが、上流階級が好む甘いリキュールに代わる労働者階級の飲物として、1887年に発売されている。

ここに挙げたものも含めて多くのリキュールは、近代における社会構造の変化と階層の分化によって生まれたものだ。とくに19世紀に生まれた多くの新しいブランドは、ヨーロッパ人のライフスタイルに欠くことのできない存在になっている。ただしヨーロッパ大陸ではビター系が好まれていたものの、生来の甘いもの好きが多いイギリスとアメリカではどちらかと言えば甘味のあるリキュールのほうが好まれていた。

じつは当時のヨーロッパ大陸では食前食後の飲物としてリキュールを楽しむことが多かったのに対し、イギリスの上流社会では、大勢の集まりでにぎやかに甘いパンチを飲んで楽しむことが流行しており、そんな流行には染まらない慎み深いイギリスのレディたちも秘かに甘いリキュールを飲んでいた。そして常に変化を続ける国アメリカでは、スピリッツ史上もっとも大きな意味をもち、リキュールの世界にもっとも大きな恩恵を与えたと言っても過言ではないもの、すなわちカクテルの誕生が間近に迫っていた。

第6章◉パンチからカクテルへ

私たちはボウルいっぱいのパンチを作るとき
4つの相反する味を加える
それは強い酒、弱い酒、刺激的な味のもの、甘いもの
これらをうまく合わせると
見事に一体となって
ボウルは喜びに満たされる
『オックスフォード・ナイトキャップ *Oxford Night Caps*』（1827年）

パンチについてのこの陽気な詩が『オックスフォード・ナイトキャップ』に書かれたのは1827年だが、イギリスではその200年以上前から同じようなものをたっぷり飲んでいた。しかし東回り航路からもどった船乗りたちが持ち帰ったことに始まるその飲物は、ヴィクトリア朝時代の詩に歌われた喜びに満たされたボウルの中身とは似ても似つかない、非常に荒っぽくてアルコ

ール度の高い飲物だった。現代の私たちはパンチと聞くと、子どもたちがパーティーでごくごく飲むフルーティで甘い飲物だと思いがちだが、じつはパンチにはもっと高貴な過去があるのだ。そしてイギリス人が強い酒、弱い酒、刺激的な味のもの、甘いものの組みあわせを考案したことは、彼らがリキュールの未来に果たした最大の貢献とも言えることだった。

パンチの歴史は長くて複雑だ。『食物についての興味深い歴史 *A Curious History of Food*』（2013年）の著者イアン・クロフトンは、パンチ（panch）という言葉の語源はサンスクリット語の「pañcāmṛta」で、これは5を表す「pañca」と神々の食物を意味する「amṛta」の合成語であり、「神々の高貴な5つの飲物」の意味だと書いている。もう少し単純な説明としては、ヒンディー語で5を表すパンチ（panch）――これもサンスクリット語の「pañcāmṛta」に由来している――が語源だという説もある。パンチボウルに入っているスピリッツ、柑橘類、砂糖、スパイス、水の5つとうまく符合しているというのだ。しかしパンチに入れるものの種類は常に一定というわけではないから、この説が正しいとは思えない。ビールやワインを入れる大樽の「パンチョン puncheon」が語源だとする説もある。ほかにもいろいろな説があるが、結局のところパンチそのものの起源と同じで、呼び名の語源についてもはっきりわからないのだ。

しかし諸説ある語源のどれを見ても、ヨーロッパ人が東方にたどり着くずっと前から、パンチらしきものがそこに存在した可能性は高い。そこならパンチの材料を手に入れることは簡単だった。アラビアの強い蒸溜酒アラック（蒸溜酒を意味するアラビア語）は、セイロンのココヤシの花から

ウイリアム・ホガース『深夜の現代的な会話』1733年。印刷。

とった汁やジャワ島のサトウキビや赤米など多種多様な材料を醱酵させて蒸溜したものだ。パンチはこのアラックやカリブ海の島々で作られたラム酒をベースにしてまずイギリスで流行し、それがアメリカの植民地にも広まることになる。

さらにレモン、ライム、オレンジなどの柑橘類は南アジア原産であり、そこはナツメグなどのスパイスやサトウキビの原産地でもあった。当然その地の住人はイギリス人が来る前から自分たちで作った醱酵酒を飲んでいたはずだ。だが進取の気性に富んだイギリスの船乗りたちが現地のいろいろな材料を集めて足したり配合を工夫したりして、自分の口に合い、しかも飲んで陽気になれるような飲物を作ることもあったはずだ。アラックがなければ別のスピリッツを使ってもよかった。1500年代後半には、航海に出る船舶は腐敗の心配がないアルコール度数の高いスピリッツを積みこんでいて、飲物として配給したり、薬酒のベースにしたりしていたのだ。

そのようなことがあったなら、16世紀末にはイギリス人船員が（あるいはひょっとするとオランダ人船員も）港で陽気にパンチをぐいと飲み、船にも持ちこみ、あるいは船上でも作っていたと考えていいのではないか。ただし「パンチ」という言葉が書かれた最初の例は１６２３年のものだ。東インド会社の社員ロバート・アダムズがその年の日付で友人に書いた手紙に「君と君の家族の平安を祈っている……そしてパンチを飲めよ」とあるのだ。その15年後、インドで働いていたドイツ人のアルバート・デ・マンデルスローはパンチについて「強い蒸溜酒とロゾリオ・リキュール、レモンジュース、砂糖で作る飲物」だと記録している。

１６００年代半ばにはイギリスのコーヒーハウスのメニューにもパンチがあった。そのころのイギリスのコーヒーハウスは、身分に関係なく1ペニー払えばだれでも1杯のコーヒーが飲める場所だった。それならアダム・スミスやジョン・ロックのような平等主義のイギリス啓蒙思想家たちがそこに集まったのも当然のことだ。酔って騒ぐもよし、仲間意識を育てるもよし、はたまた威勢のいい武勇伝を語るもよし、パンチを楽しむ理由はいくらでもあった。パンチは愛国心と地位の象徴にもなった。英国海軍の軍人はパンチを飲み、イギリス人は海軍を誇りに思っていたのだ。パンチを飲むことは裕福な人間である証明にもなった。パンチに使う高価なスパイスや柑橘類が入手でき、パンチを飲んで楽しむだけの余暇をもつ身分だということだ。作家のチャールズ・ディケンズは羊

味しいパンチを作ることで有名だった。じっさい、彼はパンチに関する自分の評判に気を良くしていて、パンチ作りに使うナツメグ専用のおろし金をもっていたらしい。

甘味、酸味、強いアルコール、弱いアルコールの4種の組みあわせ方によって、パンチの味はいくらでも変化する。パンチの材料や作り方がより進化し洗練された19世紀には、リキュールがパンチの世界に進出して主要な材料の代役を務めたり、ちょっとしたわき役の務めを果たしたりするようになった。中でもキュラソーは柑橘類のジュースを使うロイヤルパンチに使われて評判が良かったので、キュラソーを主役にしたキュラソー・パンチが生まれた。またマラスキーノはそのアーモンドのような香りが好まれたので、マラスキーノベースのインペリアル・パンチやガリッククラブ・パンチが生まれている。

ありふれたレシピだけでは飽きたらなくなったヴィクトリア朝時代のイギリス人は、いろいろ試して「フルーツカップ」または「サマーカップ」と呼ばれる飲物を作りだした。これは基本的にはジンベースのパンチのようなもので、そこに好みのリキュールや適当に切った果物と手元にあったスパイスを加えるのだ。これはスロージン［ジンにスモモの一種であるスローベリーを漬けこんだもの］とならんで、イギリスの夏のピクニックやスポーツ大会に欠かせない飲物となった。フルーツカップと呼ばれるのは、これを背の高いグラスに氷とともに入れ、その上からレモネードやジンジャーエールやジンジャービールを注いでから適当な果物とスライスしたキュウリ（これは必須だった）を入れるからだ。1844年にはロンドンでオイスター・ウェアハウスというオイスターバーを経営していたジェームズ・ピムが、イギリス初の瓶入りサマーカップである「ピムズカップ」を発売し、イギリスの夏につき物の商品のひとつになった。

1840年代には、瓶入りのパンチがヨーロッパ中で売られるようになっていた。1845年にはスウェーデン産のセーデルルンド・カロリック・プンシュが流行した。これは一般にカロリックまたはアラック・プンシュと呼ばれることも多い。1846年5月12日付のロンドン・デイリー・ニュースには、あらかじめミックスし瓶詰めにしたヴィッカーのキュラソー・パンチを「パンチのあるべき姿を実現させた完璧な飲物」と高らかに宣言する広告が見られる。1869年に出版されたウィリアム・テリントンの『涼しさを感じるパンチと美味しい飲物 *Cooling Cups and Dainty Drinks*』には、マラスキーノ、キュラソー、ノワイヨ［ブランデーにアンズなどのフレーバーをつけたリキュール］、シャルトルーズなどのリキュールを加えたパンチのレシピがたくさん掲載された。

当時のイギリス人は、ピムズとスロージンを除けばリキュール製造に大した影響をおよぼすこと

クローナン・スウェディッシュ・プンシュ。ハウスアルペンズ社から出たオリジナルの現代版。

もなく、これまでに例をあげてきたような他国産の美味しいリキュールを楽しんでいた。1892年にジェームズ・ミューとジョン・アシュトンが著した『世界の飲物 *Drinks of the World*』には「イギリス人はリキュール製造に関してはまだ多くを達成していない」とある。そしてリキュール産業は「おもに大陸諸国」のものだと続け、オランダのキュラソー、ロシアのキュンメルやフランスの多くのリキュールをあげている。それとは対照的に、イギリスのコーディアル（薬用酒）やパンチは、プロが作るにしても個人が作るにしても異国の雰囲気のない、シンプルでありふれた飲物だと思われていた。ここで注意しておきたいのは、イギリスではコーディアルという名称が、甘いノンアルコールドリンクやシロップをさす言葉に変わっていることだ。これは1867年にローズ社がライムコーディアルという名の甘いライムジュースを売り出したのがきっかけだったと思われる。

当時のイギリスにはリキュールメーカーとして活躍する会社や個人がまだ現れていなかったのは事実だが、じつはこの時代のイギリス人はそれより大きな価値のある貢献をしていた。スピリッツとリキュールをミックスし、そこに柑橘類なども組みあわせたパンチやカップを作ることを思いついたことがそれだ。このいかにもイギリス的な発明はカクテルの原型と考えることができるから、イギリス人はまったく新しいタイプの飲物が誕生する基礎を築いていたとも言えるのだ。実際のところ初めて「カクテル」という言葉が使われた印刷物は、1798年3月20日付のロンドンのモーニングポスト・アンド・ガゼッティア紙だった。しかしカクテルがもたらす喜びを世界に広め、その過程でリキュールの存在価値を高め、現在のようなカクテル人気をもたらしたのはアメリカ人だ

1885
PUNSCHEN
FLÖDAR.
Hos C. A. Lindgren & C:o.,
13 Brunkebergstorg 13,
ingång: 2 Stora Vattugatan,
finnes största, bästa och billigaste
Vin- och Spirituosalager.
N:o 3,375.
Malle-Punsch!
Etablerad 1845.
A. L. HELLEBERG & Son,
Vin- & Spirituosahandel,
hörnet af Göt- och Mariegatorna.
För bröstlidande
Banco-Punsch
A. Berg & Komp.
Brage-Punsch
Arraks-Punsch
Caloric-Punsch
Stockholms-Punsch
Populär-Punsch
Expositions-Punsch
Superfin-Punsch
Bidevind-Punsch
Punsch-Militaire
Telefon-Punsch
Da capo-Punsch
Wira-Punsch
Hushålls-Punsch
Cognaks-Punsch
Esplanad-Punsch
Champagnecognaks-Punsch
Wasa-Punsch
Amason-Punsch
Ishafs-Punsch
Kuku-Punsch
Elevator-Punsch
Sec-Punsch
Tunnans-Punsch
Linné-Punsch
Blå Bandets-Punsch
Röda Bandets-Punsch
Gröna Bandets-Punsch
Ananaspunsch
à kr. 1: 50 pr 1/1-but.,
PUNSCH
Tegnér & Wilken
11 Kungsgatan 11
Vin & Spirituosa
hvaraf vi särdeles vilja framhålla vår PUNSCH med vidstående märke (i rödt), som äfven finnes å de flesta Schweizerier och Källare.
GENUINE
CALORIC PUNCH.
J. CEDERLUNDS SÖNER
STOCKHOLM.
Kinesisk
Mandarinpunsch.
Den bästa Punsch, som hittills funnits, brygd af verklig kinesisk Arrac, säljes endast hos undertecknade à 5 kronor pr k:a samt 1: 50 pr helbut.
L. GUMMESSON & Komp.,
16 Stora Nygatan 16.
(G. 15,376×1.)
190

いろいろなブランドのプンシュの広告。1885年。

った。ただし、そこに至るまでにはアメリカもいろいろな苦難を経験することになる。

◉酔っ払い天国アメリカ

植民地ができた当初から、酒はすでにアメリカの生活の一部だった。植民者たちはビール、ワイン、サイダー、スピリッツのどれかを日常的に飲んでいた。飲みすぎて酔っぱらうこともしばしばだった。W・J・ローラボーはその著書『アルコール共和国＝アメリカのひとつの伝統 *The Alcoholic Republic: An American Tradition*』（1979年）で「1790年から1830年のあいだ、アメリカ人ひとり当たりのアルコール消費量は過去最大だった」と書いている。アルコールの大量消費は社会階層、人種、地域、男女の違いに関係なく、植民地全体の傾向だった。

そうはいっても特に男性の消費量が多く、たいていはスピリッツをストレートで飲んでいた。コーディアルやリキュールは概して女性の飲物だった。アメリカでもイギリス本国と同じで、女性は慎み深く繊細な存在でスピリッツをストレートで飲むようなことはまずないだろう、と考えられていた。女性が家の外の人前で飲むアルコールといえば、体調が悪いときの「薬草酒」くらいだとされていたのだ。一方自宅に帰れば、ローラボーによれば「流行の先端をいく女性たちの家には飾りのついたリキュールのケースやさまざまな薬草酒――アルコールの少ないもの、甘いもの、果物のフレーバーがついたものなど――の瓶をおさめたサイドボードがあった」。

アメリカ合衆国として独立をとげて間もない1800年代初めには数々の出来事があり、そのどれもが間接的にせよリキュールの未来に影響を与えた。1827年にはアメリカ最初の一般営業鉄道としてボルチモア・アンド・オハイオ鉄道が起工式を行い、物品および一般人の移動が容易になる準備がととのった。その同じ年に、アメリカ初の高級レストラン、デルモニコスがニューヨークにオープンして、裕福なアメリカ人はイギリスの上流階級と同じように高級な雰囲気で食事を楽しむようになった。時代が進むにつれて産業化の進展とそれによる経済活動の浮き沈みもあり、アメリカでも貧富の差が生じていた。裕福な中流階級やエリート階級が誕生し、「金ぴか時代」とも呼ばれる拝金主義がはびこる時代が始まったのだ。巨大な財産を築いた一部の人々は贅沢の限りをつくしていた。この時期、リキュールは優雅な生活を示すシンボルのひとつになっていた。

当時の新聞を見れば、リキュールの入手は比較的容易になっていて、しかも多くの需要があったことがわかる。たとえば1851年12月24日付のニューヨーク・イブニング・ポスト紙にスピリッツ販売業者トマス・マクマランが出した広告は、同社は商品のリキュールを「国内のすみずみまで間違いなくお届けする」と保証している。この時期のリキュール業者の広告を見ると、ケンタッキー州のフランクフォートやハワイのホノルルなどにもリキュールが配送されていたことがわかる。

さらに時が流れると若者にもリキュールの流行が広まったことが、1888年8月6日付のロサンゼルス・デイリー・ヘラルド紙の次のような記事からわかる。「ヨーロッパのリキュールやコーディアルは、アメリカでもある程度飲まれるようになってきましたか?」という記者の質問に対するあるバーテンダーの答えは以下のようなものだった。

青年層は、習慣というよりは気分を高めるため、あるいは仲間と楽しく過ごすために酒を飲む。彼らの父親たちがときどき「元気をつける」ために飲むウイスキーは、若者たちが何杯も飲んだり、たびたび飲んだりするためには強すぎる。陽気な気分になる程度にいろいろなリキュールを何杯か飲むなら、いくらか足もとがふらつくとしても、父親世代のようにウイスキーやブランデーを飲むより長時間ほどほどに楽しむことができるからね。

記事はさらに続けて地元のディスカウントストアのベテラン店員の発言、「そう、昨今は（家庭でもレストランでもホテルでも）ディナーの締めくくりにはリキュールやコーディアルを飲むことが好まれていますね」を引用している。そうした場面でとくに人気があるリキュールはシャルトルーズとベネディクティンで、マラスキーノとキュラソーは「午後から夕方にかけての訪問客に出すことが多い」ということだ。店員によれば、アニゼットは息に酒臭さが残らないし顔が赤くなってもほお紅と区別がつきにくいから「とくに女性向きの飲物」だったらしい。

このようにアメリカの青年層はヨーロッパの同世代と同じように「夕食後にちょっと飲む」ことを楽しんでいたわけで、リキュールが混ぜ合わさって形をさまざまに変えることになる運命に、どちらも知らず知らずのうちに手を貸していたのだった。

◉カクテル「Cock-Tail」の誕生がもたらしたもの

1874年、ロンドンに滞在していたあるアメリカ人紳士が「私が帰るまでにスコッチウイスキー1瓶とレモン1個、それにグラニュー糖をいくらかとアンゴスチュラビターズを1瓶、洗面所にかならず用意しておいてほしい」と書いた手紙を妻に送った。その紳士とはマーク・トウェインである。彼の書いたレシピは「カクテル（Cock-Tail）とかいうもの」の材料で、彼はそれを「朝食前、夕食前、就寝の直前に飲むのを楽しんでいる」とのことだった。マーク・トウェインの手紙には、イギリスで人気のこの飲物を飲むようになって以来、「今までになかったほど胃腸の調子がいい」とも書いてあった。

そもそもこの大文字で始まるカクテル「Cock-Tail」は、飲物の種類ではなく、普通は医薬品として処方される特定の飲物だった。ハイフンがなくなり、小文字で書きはじめるようになったのは少し後のこと、アルコール類をミックスした飲物全般をさすようになってからのことだ。現在では、その飲物はオールドファッションという名前のカクテル（手紙にあった材料を順にグラスに入れただけのもの）として知られている。もう薬として飲まれることはないが、とても美味しい飲物だ。このカクテルのポイントのひとつはトウェインも書いているビターズを使うこと。しかしビターズの始まりはゲンチアンやニガヨモギなどの薬草類やハーブをアルコールに漬けこんだ苦い薬で、嗜好のための飲物ではなかった。

そのころは病理学や治療技術に進歩は見られたものの、一般の医師が行う治療にはまだ前近代的なものも多く、信頼しない人も多かった。家族のちょっとした不調を治すのは妻や母親の役目であり、ビターズはいろいろな病気の治療に活躍していたのだ。苦味と芳香をもつ飲物としてのアロマティックビターズを最初に作ったのはロンドンの薬剤師リチャード・ストートンで、1712年のことだ。彼のレシピはいくつかの本に載り、製品はアメリカにも輸出されたので、ボストンのスピリッツメーカーも自社製品を作り始めた。ストートンのビターズは1800年代に姿を消したが、南米ベネズエラに駐留していたドイツ人の軍医ヨハン・ジーゲルトが考案したアンゴスチュラビターズが、1824年に発売された。続いて1832年には、ニューオーリンズの薬剤師のアントワーヌ・ペイショーが、彼の名をつけたペイショーズビターズを発売した。このふたつのビターズは、どちらも多くのクラシックカクテルに欠かせない材料となり、たとえばアンゴスチュラビターズはジンベースのカクテル「マルティネス」に、ペイショービターズはニューオーリンズで生まれたカクテル「ヴューカレ」に使われている。ただしどちらのカクテルにも甘味の強い別のリキュール——マルティネスにはマラスキーノ、ヴューカレにはベネディクティン——も使われている。

19世紀後半になると特許で保護された多くの医薬品が医師の処方箋なしでも買えるようになった。するとその人気に付けこんだインチキ医者や怪しげなセールスマンが現れて、髪の毛が生えるとか腎臓病に効くとか適当なことを言って偽の薬を売り歩くようになった。その商売にリキュールを利用する小悪党も現れて、クレーム・ド・マントやキュンメルを胃の病気に効くといって売っていた。

当時の都市部以外の医療事情を考えれば、苦い飲み薬としての大文字で始まるカクテルが、一定の役割を果たしていたことはわかるはずだ。材料のうちアルコールと砂糖は昔から病気を予防する薬酒でおなじみだったが、第三の材料ビターズが加わったことで、治療効果も期待できるようになった。このカクテルとは別に、前夜いささか飲みすぎたと感じている紳士たちが、二日酔いを解消するために翌朝飲むためのリキュールベースの混合飲料もあった。たとえばスロー・アンド・クイック（ジンとスロージン）やピック・ミー・アップ（アンゴスチュラビターズ、マラスキーノ、シャルトルーズ、ブランデー）などだ。

市民の力で独立を勝ちとった直後のアメリカでは、イギリスの啓蒙思想家たちと同じように仲間同士が集まってパンチのボウルを囲んで楽しくすごすことも多かった。しかし新しい国がアメリカ合衆国としてさらなる発展をとげるためには、飲んで騒いで時間を無駄にしているわけにはいかなかった。そこで大人数でパンチを楽しむかわりに、各人が自分のあいた時間に個人的に楽しむカクテルが好まれるようになったのだ。パンチが大人数向けに最初に登場したアルコール混合飲料だとすれば、カクテルは個人向けとして最初に登場したアルコール混合飲料と言えるだろう。

1862年にジェリー・トーマスが出版した『バーテンダーのための飲物の作り方ガイド、あるいは愛飲家のお供 *The Bar Tenders Guide: How to Mix Drinks; or, The Bon-Vivant's Companion*』にはすでに普及していたものも含め、いくつものカクテルのレシピが記されていた。アメリカ各地の一流のバーで働いたトーマスは客受けのする腕のいいバーテンダーで、当時としては破格の週給

１００ドル（現在なら約３０００ドルに相当する）を得ていたということだ。カクテルのレシピブックとしては初めて英語で書かれた彼の本は、今も使われているいくつかの基本的なレシピが収められている。レシピの多くにはリキュールが含まれていたので、バーテンダーは常にリキュールの在庫を切らすことはできなくなり、一般の人々からの需要も高まった。

カクテルが流行し始めたころ、キュラソーは何にでも合う便利な材料と見られていた。ブランデーベースやジンベースのカクテルに使われるだけでなく、ニッカボッカー（ラム、キュラソー、ラズベリーシロップ、ライムジュース）、リージェンツ、ローマンなど多くのパンチにも使われていた。キュラソーのほかにもシャルトルーズ、キルシュワッサー、マラスキーノなどいくつかのリキュールがよく使われていた。トーマスのレシピブックの「ファンシードリンク」の項目には、数種のリキュールが層をなすように作られたカクテルであるプース・カフェのレシピが4つあった。これらのカクテルは、１９８０年代、90年代に生まれた甘いリキュールを層状に注ぐシューターカクテルの原型となった。

トーマスのレシピ本が出版された後の数十年間に多くのレシピ本が出て、19世紀後半から20世紀前半にかけてのカクテル業界ではリキュールが大いにもてはやされた。数多く出たカクテルのレシピ本には、カクテルに使うリキュールの作り方を添えたものも多かった。しかし、カクテルを作るたびに自家製のノワイヨやマラスキーノ作りから始めるやり方は長続きせず、アメリカでもヨーロッパにあるような自社製の瓶詰リキュールを売りだす業者が次第に現れる。１８８４年にフランス

このバードック・ビターズのカードのように1800年代の色鮮やかな宣伝用カードはなかなか魅力的だ。当時は胃や血液の病気の「治療薬」として多くのいかがわしい薬酒が売られていた。よく知られた薬草が使われていたが、効果のほどは疑わしい。

ペオリアのハイラム・ウォーカー蒸溜所が描かれた絵ハガキ。1930－50年。

人のシャルル・ジャカンが創設したシャルル・ジャカン社がアメリカ初のリキュールメーカーだった。

アメリカ人のハイラム・ウォーカーは1858年に当時禁酒運動が高まっていたアメリカを避けて、アメリカと国境を接するカナダの土地にハイラム・ウォーカー蒸溜所を建設し、カナディアンクラブと名づけたウイスキーをアメリカに輸出していた。創業者ハイラムの死後は息子たちがハイラム・ウォーカー社の後継者となり、アメリカの禁酒法が廃止された1933年にイリノイ州ペオリアの9ヘクタールもの土地に当時の金額で500万ドルをかけて世界最大の蒸溜所を建設した。その後ブランドの所有者は代わり、この蒸溜所も今はほとんど稼働していないが、ハイラム・ウォーカー・ブランドのリキュールはウイスキーのカナディアンクラブとともに今も愛されている。

◉禁じられた喜び

1800年代のアメリカ人はウイスキー（イギリスのスコッチウイスキーとは違うものだが）を、1700年代にイギリス人がジンを浴びるように飲んでいたのと同じ勢いでがぶ飲みしていた。もっとも、アメリカのウイスキーが大人気だったというのは少し言い過ぎかもしれない。アメリカのウイスキーはまだあまり洗練された味ではなかった。それでもアメリカ人は、トウモロコシを原料にしたバーボンにしてもライ麦のウイスキーにしても、アメリカ産のウイスキーを好んで飲んでいた。当然、アメリカで人気を二分していた2つのリキュールはウイスキーベースで、どちらも1800年代に発売されたものだった。1874年、ニューオーリンズのバーテンダー、マーティン・ウィルクス・ヘロンはカフス・アンド・ボタンズと名づけたリキュールを作った。1889年にその特許を取得し、瓶詰にして売り出したときの宣伝文句は「これこそ本物」「ひとり2本まで。それ以上はお売りできません」だった。このリキュールはバーボンウイスキーをベースに果物やスパイスのフレーバーをつけたもので、今はサザンコンフォートと名前を変えている。

1884年、ライウイスキーのホッシュタッター・ブランドがシャルル・ジャカン社と共同で、国中の酒場で出されていた人気の飲物――ライウイスキーに氷砂糖を加えて甘くしたもの――を瓶詰にして発売した。この両社は禁酒法廃止後の1934年には合併してシャルル・ジャカン社となった。同社の看板リキュールであるライウイスキーに氷砂糖と果実の味を足したロック&ライはそ

カフェ・デ・ボザールのメニューに描かれたフォービドゥン・フルーツのイメージ画。

の後長く製造を止めていたが、2013年にクーパー・スピリッツ・カンパニーからスロー&ローと名を変えた現代版が発売されている。クーパー社はジャカン社の創業者の孫にあたるロバート・クーパーが起こした会社であり、このスロー&ローはあくまでも昔ながらの味を再現したものだ。この復刻されたリキュールは84度という途方もないアルコール度数なのだが、スピリッツ、氷砂糖、ハチミツにアンゴスチュラビターズとオレンジピールも加えられていて、リキュール界に確かな地位を占めている。また2016年には、すぐに飲める缶入りの製品も発売されている。

ウイスキーベースのこうした製品のほかにアメリカで製造されていたリキュールは、クレーム・ド・マント、スロージン、マラスキーノといった人気リキュールのノーブランド品だった。しかし1902年にはバスク出身のバスタノビー兄弟、ルイス、アンドレ、ジャックの3人がニューヨークにカフェ・デ・ボザールという洒落たバーをオープンして、グレープフルーツの香りをつけたフォービドゥン・フルーツ（禁断の果実）というリキュールを売り出した。深い赤橙色のそのリキュールはレディズ・バーに集う女性客の心をとらえる。レディズ・バーとは男性のエスコートなしで女性だけが集まって飲酒しても、新聞のゴシップ欄などでとやかく言われる心配のない社交の場だった。

「禁断の果実」を意味する魅惑的な名前をもち、王権の象徴である宝珠にそっくりなデザインのボトルに入ったこのリキュールからは、バスタノビー兄弟の非凡なビジネス感覚が見てとれる。フォービドゥン・フルーツは、たちまち上流階級の女性のあいだで大流行した。ブルックリン・ライフ

1964年以前のフォービドゥン・フルーツのボトル。栓の王冠と金属細工の帯が高貴な印象を与えている。

誌の1905年4月29日号の「流行とファッション」ページにはこのリキュールの人気を物語る例として、ニューヨークの若いレディたちが口にする「金属細工の帯は赤道の位置ね」というジョークは、その女性がちょっと飲むために私室に置いている宝珠型のボトルの帯のおかげで半分飲んでしまったことがわかるわ、という意味だと書いていた。

そのうちにバスタノビー兄弟は彼らのリキュールを国外にも売りこみ始めた。評判はイギリスにも届き、『カフェロイヤル・カクテルブック *Café Royale Cocktail Book*』（1930年）にはこのリキュールを使うカクテルのレシピがいくつも掲載されていた。1937年にはジャカン社がこのリキュールの権利を取得したが、1970年代になると製造を中止して、この球形のボトルデザインを新しく発売するラズベリーフレーバーのリキュール、シャンボールに再利用することにした。これまでにリー・スピリッツ社だけがグレープフルーツフレーバーの伝説のリキュールの再現を試みて調査研究を重ねた結果、同社独自のフォービドゥン・フルーツを製造している。

◉禁酒法時代

アメリカに植民地が置かれた当初あるいはそれ以前から、人間の心身に与える酒類の影響はさまざまに議論されていた。マサチューセッツ湾植民地に住む清教徒《ピューリタン》の牧師インクリース・マザーは、1673年に「酒そのものは神がお造りになったものであり、感謝をこめて受けいれるべきだ」と発言している。しかしアルコール依存が社会問題化するにつれて禁酒運動家たちの団体が飲酒反対を唱え始め、禁酒運動は世紀をまたいで勢いを増していった。

1800年代にはアメリカ、オーストラリア、イギリス、ウクライナの禁酒団体が酒の害悪を訴えて激しく攻撃するようになり、リキュールもその攻撃を逃れることはできなかった。国別に見ても、アメリカの禁酒運動がもっとも激しかった。実際のところ攻撃の目標は広範にわたり、1885年12月21日付のニューヨークの新聞ザ・サンには酒類を提供する店を厳しく糾弾する記事が掲載されていた。問題とされたのは議会上院レストランの支配人フライ氏がワインリストに9種の刺激的なリキュールを載せていたことだ。そこに書かれていたマラスキーノ、キュラソー、キュンメル、アニゼットをふくむ9種について、上院議員のひとりは、それらはワインベースまたは麦芽酒ベースのスピリッツに分類されるものだから問題はない、と苦しい弁護をしていた。

１８００年代後半から１９１０年頃まではまさにカクテルの黄金時代だった。しかし禁酒運動の高まりとともにその時代はあっというまに過ぎ去ってしまい、１９１９年になると禁酒運動はもはやとどめようがなくなっていた。翌１９２０年にはボルステッド法（国家禁酒法）が発効し、飲用アルコールの製造販売は禁止となった。スピリッツ、リキュールとそれらを使う混合飲料のほとんどすべてが対象とされた。しかし聞き分けのない子どもが親にさからうのと同じで、政府がいくら「だめだ」と言っても国民が「いいじゃないか」と言うのは無理もないことだった。人々は合衆国憲法修正第18条が定めたことは無視して、もぐり酒場に行って飲んだり、自由に好みのカクテルを飲めるイギリスやフランスやキューバに出かけて行ったりしたのだった。

第7章 ◉ 20世紀のカクテル

棒のついたキャンディーを卒業したばかりの初々しい若者たちは、甘いものへの強い欲求を満たし、同時に少しばかりのうしろめたさを味わうために、得体の知れないピンク色の甘い飲物を求める。

バージニア・エリオット、フィル・D・ストング著『シェイクしよう！　法律をかいくぐってうまく酒を飲む方法 *Shake 'Em Up! A Practical Handbook of Polite Drinking*』（1930年）より。

1980年代には、リキュールを多用する非常に甘いカクテル――それも（意図的に）思わせぶりな名前を適当につけたもの――がたくさん生まれた。果てしないリキュール使いの一例をあげれば、スロージンをベースにしたスロースクリュー系のカクテルだ。初めはウォッカとオレンジジュースをミックスしたありふれたロングカクテルのスクリュードライバーにスロージンを加えただけのものだった。それにイタリア産のリキュール、ガリアーノを入れたものはスロースクリュー・アップ・アゲンスト・ザ・ウォールと名づけられた。この名前のウォール（壁）は、1950年代から70年代に飲まれていたカクテル、ハーベイ・ウォールバンガー（壁たたきのハーベイ）――スクリュードライバーにガリアーノを入れたカクテル――から採ったものだ。そこにリキュールのサザンコンフォートを加えれば、その名前にはコンフォータブルがつく。スロー・コンフォータブル・ファジー・スクリュー・アップ・アゲンスト・ザ・ウォールを注文すれば、さらに甘いピーチシュナップスが加わることになる（ピーチシュナップスとオレンジジュースのカクテルがファジーネーブルなので）。1980年代のリキュールはカクテルのスーパースターだった。しかしスロースクリューのようなカクテルがバーのメニューに入るまでには半世紀以上もかかっていたのだ。禁酒法が廃止されたときから始まった長い苦難の歴史を経て、カクテルがそこまで発展したのにはいくつかの出来事がかかわっていた。

◉グラスの中の休暇気分

禁酒法がやっと廃止されたと思えば大恐慌に見舞われて大変な思いをしたアメリカも、1930年代が終わるころには活気がもどりつつあった。1933年の禁酒法廃止の直後には、アーネスト・レイモンド・ボーモン・ガント――ドン・ビーチの名で知られている――という若き企業家がハリウッドにドン・ザ・ビーチコーマーというバーをオープンした。南太平洋をイメージした異国風の建物とラム酒を使ったカリブ海風の強い酒で彼の店はハリウッドの映画スターや名士たちを魅了した（90分待たされることもざらだった）。このポリネシア風の楽園を生みだしたことで、ドン・ビーチはその後何十年も続くティキ・クレイズ（現地に行かずに南国気分を味わうライフスタイルの流行）の火付け役とみなされていた。もっとも、そのすべてが彼の手柄だったわけではない。

南の島々とそのラムベースの酒の魅力は禁酒法が定められるずっと前から知られていた。1866年にはサクラメント・ユニオン新聞社が、ハワイ特派員を務めていたマーク・トウェインが書いた『ハワイ通信』［吉岡栄一、佐野守男、安岡真訳。彩流社。2000年］を出版して、緑豊かな南の楽園への読者の好奇心をかきたてていた。1898年にハワイ諸島がアメリカ領となると、アメリカ人は南の島の文化、とくにウクレレとスチールギターがかなでる独特のハワイアンミュージックに魅了された。一方カリブ海の島々では、北米やイギリスにバナナを輸出していたユナイテ

モリナーリのサンブーカの広告。1971年頃。サンブーカはアンティカ、ルクサルド、メレッティと同様に何世紀も前から同じレシピで製造しているブランドだ。

ッドフルーツ社が、1899年にアメリカ合衆国からの観光客をジャマイカに呼びこむ事業を始めた。観光客はそのために新しく建設されたティッチフィールド・ホテルやマートルバンク・ホテルなどのバーで、シンプルかつエレガントなプランターズパンチ（ラム、ライムジュース、シロップ）に魅了されていた。

1900年代になるとキューバに旅行するアメリカ人が増えてきて、やがては定番カクテルとなるダイキリを味わうことになる。そもそもこれは、キューバのダイキリという名の鉱山を所有するジョン・D・ロックフェラーの会社で働いていたジェニングス・ストックトン・コックス・ジュニアが、プランターズパンチをアレンジして1896年に考案したカクテルだった。それが首都ハバナに伝えられ、禁酒運動にうんざりしていたアメリカ人の大きな楽しみとなったのだ。

ハバナに着くと、酒に飢えた人々は一目散にエル・フロリディータというバーに駆けこむ。そこではカンティネーロ（スペイン語でバーテンダーのこと）のコンスタンテ・リバライグアが腕をふるっていた。彼は基本のダイキリにさまざまなリキュールを加えて新バージョンを生みだしていた。ダイキリ・ナンバー2はキュラソーを、ナンバー3はマラスキーノを使い、ナンバー4はキュラソーと驚いたことにクレーム・ド・カカオ・ホワイトを加えたものだった。ダイキリはシンプルなカクテルだったが、ティキ・クレイズをみごとに象徴していた。ジェフ・ベリーが『カリブの飲物 *Portions of the Caribbean*』（2013年）に書いているように、ダイキリは異国風で、音楽を感じさせ、ロマンチックだった。そして、その言葉につられた中流階級のアメリカ人観光客が大挙して

ドン・ザ・ビーチコーマーのカクテル「ゾンビ」などのティキ・カクテルは、1960年代から80年代まで続く非常に甘いカクテルの全盛時代への下地を作った。

キューバに殺到することになる。

頭の中に描いた南国のイメージをもとに人々をカリブ海に向かわせたドン・ビーチは、南太平洋のポリネシアに通じる道も開いた。彼はプランターズパンチの材料のラム、ライムジュース、砂糖の組み合わせにならってスピリッツ、果汁と、遠い異国の土地を思わせるたくさんのリキュールを組み合わせた。リキュールはスパイスの効いたファルナム（ラムベースのものもあればノンアルコールシロップのこともあった）、オールスパイスベースのピメント・ドラムもあったし、ドンが独自に作ったガーデニアミックス（ハチミツ、シナモン、バニラ、オールスパイス）のこともあり、こうしたリキュールを多用したカクテルは人々のバカンス気分を大いに高めるものだった。彼が「あなたが楽園に行けないなら、私があなたに楽園を届けましょう」

と言ったのは有名なことだ。

「ティキ」という言葉はポリネシアをイメージさせる言葉だが、ドン・ビーチのカクテルのベースはおもにカリブ産のラムだった。しかし南太平洋のイメージを持ちだしたビーチは賢明だった。アメリカから近いカリブは蒸し暑く、行き先にする島はいくつもある。アメリカ人の旅行先としては手ごろな所だ。一方ポリネシアは、はるか遠い南太平洋に島々が点在している所だ。遠くて簡単には行けない、未知の魅力にあふれるあこがれの場所だった。ビーチがハリウッドにバーを開いた1年後、ヴィクター・バージェロンというビジネスマンがカリフォルニア州オークランドにトレーダーヴィックスというバーを開き、ドンのバーと同じ、もしくはよく似たカクテルを提供し始めた。そのうちにティキ風の飲物をメニューに載せた同じようなバーは国中に広まった。

ティキ・クレイズはこれで終わりではなかった。その甘くフルーティなカクテルは、その後何十年もアメリカで続く非常に甘いカクテルの流行につながっていく。もっとも客が思わず「わあっ」とか「すてき」とか声をあげるような演出が始まったことのほうが、より大きな影響と言えるかもしれない。火花や炎とともに、巨大なパンチボウルが驚いている客のテーブルに運ばれてくる。いかにもポリネシア風に見せかけたデザインのグラス類に花やフルーツをたっぷり飾り、酒を飲む楽しさをこれでもかと演出するブームは、1960年代から70年代、80年代まで続くことになる。そもそも、グラスに小さな傘の飾りがついたカクテルが出てきて難しい顔をする客がいるはずはない。

◉リキュールを通して見た社会

これまでにも見てきたように、酒が社会の変化に応じて変化し、その時代の文化の在り方を示す指標となってきた例はいくつもある。ティキ・クレイズは、それに続く時代のリキュールを多用したパーティー用飲物ブームの前触れのひとつにすぎない。それ以外にも多くの要因が、クリーミーで甘くとろりとしたカクテルの大流行のきっかけになっていた。多くの要因の中でもとくに基本になっていたのが、解放という概念だ。

酒を買うことが違法とされていた禁酒法時代にあっても、その時代（1920－30年代）のジャズベイビーズ［活発で快楽を愛するおもに若い女性たち］が秘密のカクテルパーティーに熱中するのを止めることはできなかった。1922年6月27日付ニューヨーク・タイムズ紙の「今日の話題」欄は当時巷《ちまた》で使われていた「パーティー」という言葉を嘆いている。その欄の筆者によれば、この頃のパーティーとは「違法に入手した強い酒に刺激されることで大いに楽しむことができる人々の集まりを意味するようになった」のだそうだ。そして、ロバート・バーミエールの『カクテルの作り方 *Cocktails, How to Make Them*』（1922年）やこの章の冒頭で一部を引用した『シェイクしよう！ *Shake 'Em Up!*』（1930年）などの本が自宅のパーティーでカクテルを作るためのレシピを伝えている、とも書いている。こうしたマニュアル本はその後も長いあいだ自分でカクテルを作るアマチュア向けに提供されていた。

一方ロンドンでは、型にはまることを嫌い、自由を愛する上流階級の若者たちが旧来の生活様式を捨て、マスコミが「今を楽しむ若者たち」と名づけた生き方を始めていた。はめをはずした彼らの行動は1930年にイーヴリン・ウォーが出版した『卑しい肉体』［大久保譲訳。新人物往来社。〈20世紀イギリス小説個性派セレクション〉2012年］に風刺的に描かれている。快楽主義に染まったイギリスの若者たちは慣習をあざ笑い、同じように刹那的な快楽を追求するアメリカの若者たち――スコット・フィッツジェラルドが描いたような――と同じような生き方をしていた。アメリカでもヨーロッパでも、第一次大戦後のジャズ・エイジと呼ばれるこの享楽的な時代がもたらした一連の出来事が、20世紀後半のリキュール（人工的にフレーバーをつけたものも含めて）を多用したカクテルへの道を開いたのだ。

禁酒法時代には炭酸、トニックウォーターなど酒類を「割る」ための瓶詰の液体「サワーミックス」がバーだけでなく家庭用にも市販されるようになり、1970年代、80年代には人工的な味をつけた粉末のインスタント・サワーミックスが登場することになる。1922年には電動ブレンダーが発売されて、リキュールベースでとろみのあるミルクシェイク系のカクテルが次々に生まれる。ロシアで9世紀ごろに誕生したウォッカがアメリカで買えるようになったのは1934年のことで、広く普及するにはしばらく年月がかかったが、特別なフレーバーをもたない無色透明のこのスピリッツは1950年代にはすっかりアメリカの消費者の心をとらえていた。メーカーの宣伝文句も理にかなっていた。とても強い酒なのに、吐く息がアルコール臭くならないのだ。スミノフ社の

1958年のコマーシャルは、「息が臭わない」がキャッチフレーズだった。カクテルに使えばウォッカはウイスキーやジンのような独特の味を感じさせない。他のフレーバーを引き立てる無地のキャンバスの役目を果たすだけで、それ自身には何のフレーバーも感じられないのだ。このようなウォッカの存在は、その後の時代に次々に生まれるリキュールや果汁を主体とするカクテルに欠かせないものだった。

しかし何と言ってもカクテルを変化させた最大の要因は「解放」を求める波の高まりだった。ジャズ・エイジと呼ばれた時代に、若者、とくに若い女性たちは旧来の慣習を完全に逸脱する行動をとった。フラッパーと呼ばれた彼女たちは、すべての女性が自分を抑えず自由にやりたいことをして、女性という性のパワーを発揮しようとしていた。この女性解放の動きは欧米でしばらく続き、1960年代、70年代に最大の盛り上がりを見せることになる。やや道を外れて行きすぎた面はあったかもしれないが、この運動は女性が経済の重要な要素であることを社会全体に確認させる役割を果たした。女性の購買力、さまざまな好み、そして彼女たちの行動全体が、酒をとりまく文化に後々まで影響を与えることになるのだ。レディィズ・バーと女性向きのカクテル、フォービドゥン・フルーツを生みだしたバスタノビー兄弟の直感は正しかった。

第二次世界大戦の前から大戦中にかけて、リキュールは多くのカクテルを生みだした。アメリカではテキーラをベースにしてコアントローとライムジュースなどを加えたマルガリータや、テキーラとクレーム・ド・カシスやジンジャービール、ライムジュースなどを使うエル・ディアブロ（悪魔）などが生まれている。未来のスロースクリュー系カクテルの先駆けとして、ウォッカとオレンジジュースのスクリュードライバーも作られるようになっていた。ティキの人気も根強く、甘くクリーミーなリキュールを使うグラスホッパー（クレーム・ド・マント）、アレクサンダー（クレーム・ド・カカオ）や新顔のピンク・スクァーレル（ノワイヨとカカオリキュール）などがその需要を満たしていた。

この時点で、スピリッツを主体にしたものからよりフルーティで甘味の強いものへとカクテルの味が変わってきたのは明らかだった。そもそもリキュールをアクセントに使う以上クラシックなカクテルにも当然ながら一定の甘さはあったが、それはかすかに感じる程度のものだった。禁酒法以前も以後もレシピ本が示すリキュールの量は、たとえティキ・ドリンクでも伝統的な量——少々、1滴、小さじ1——を維持していたのだ。

その後、リキュールはカクテルの味を調えるものというより、その味を左右する材料のひとつと見られるようになっていく。その良い例がブラック・ルシアンだ。１９４９年にブリュッセルのホ

カルーアなどのコーヒーリキュールは、ブラック・ルシアン、ホワイト・ルシアン、エスプレッソマティーニなど多くのカクテルに欠かすことができない。

テル・メトロポールで初めて作られたブラック・ルシアンはウォッカと1930年代に発売されたカルーア（コーヒーリキュール）がほぼ2対1の割合だった。ブランデーベースのクラシックカクテルだったものをウォッカベースに変えたウォッカ・スティンガーは、ウォッカとクレーム・ド・マントが1対1だった。1957年には南の楽園の魅力を売り物にしようと考えたオランダのボルス社が、ヒルトン・ハワイアンヴィレッジのバーテンダー、ハリー・イーに同社のブルー・キュラソー（青色の人工着色料を使ったもの）で新しいカクテルを作ってほしいと依頼した。そして生まれたブルーハワイ（ブルーキュラソー、パイナップルジュース、ウォッカ、ラム）は相変わらず続いていたティキブームの波に乗って大ヒットし、ある意味では1970年代のデイグロー・カクテル［派手な蛍光色が特徴］への道を開いたともいえる。

◉甘い、あまりにも甘い

アメリカのグルメ雑誌サヴールの2012年12月12日号で、カクテルおよびスピリッツに関するライターのロバート・サイモンソンは、1970年代はカクテルが「迷路」にはまった時代だったと書いている。彼がその10年間を「手軽なサワーミックスなどでフレーバーをつけ、マッドスライド［地滑り］とかフレディ・ファッドパッカーのような馬鹿げた名前をつけられた、いい加減でつまらない飲物の時代」だったと結論づけたのは、少し手厳しすぎるかもしれないがある意味では真実だった。1970年代のカクテル文化は、精妙な味より、あくまでも甘く、美しい層をなすアルコール入りのミルクシェイクが最高だという風潮に染まっていた。

1960年代のアメリカの若者たちはトランス体験に魅せられていた。彼らの多くはカクテルをゆっくり楽しむのは「型にはまってつまらない」ことと考え、幻覚剤などのドラッグにはまっていた。しかし1970年代になるとかつてのヒッピーの多くは郊外の住宅地に落ち着き、それにふさわしい生活を送るようになっていた。そして彼らの多くがドラッグの代わりに好むようになったのが砂糖だった。ところがその当時はさまざまな事情――国際政治の状況、気候の変動、需給の関係など――から砂糖価格が高騰し、品薄状態におちいっていた。それがめぐりめぐって多くのリキュールの品質に影響することになったのだ。

世界中の砂糖価格が高騰していた1970年代に、代替品として異性化糖［トウモロコシ、ジャガイモなどのデンプンを原料として酵素反応を繰りかえすことで得られるブドウ糖と果糖を主成分とするもの。いわゆるコーンシロップ］が登場する。1957年に発明されたこの液状の糖が、この時期になって焼き菓子類から飲物までさまざまな食品に使われるようになった。サトウキビやテンサイから作られるショ糖とこの異性化糖とは甘さの点ではほとんど同程度だったが、製造価格が安く、扱いやすく、容易に入手できる異性化糖に食品製造業者はとびついた。同じ理由で、原価を抑えたい多くの大手リキュールメーカーは製品に異性化糖を使うようになった。これはリキュールそのものの進化には大して関係ないように見えるかもしれないが、じつは始まりつつあった――特に巨大市場アメリカで——低価格で甘いリキュールの流行をもたらす一因となるのだ。

さらに、天然のものよりずっと安く手に入る人工のフレーバーや着色料を使うリキュールが多くなった。人工着色料——ブルーキュラソーの青やクレーム・ド・マントの緑など——は、一般に天然の材料より色が鮮やかな上に長持ちし、値段も安かった。人工のフレーバーも安価で天然物に近いもの（まったく同じという訳にはいかないとしても）が合成できるようになっていた。瓶入りの割り材の登場もあった。禁酒法時代から売られていた酒類に混ぜて（割って）飲むための瓶入りの割り材は、その後も人気をたもっていた。こうして、瓶詰や少し遅れて登場する粉末を溶かして使う割り材と、柑橘類の果汁（本物でなく合成されたものもあった）、コーンシロップ、人工着色料、保存料を組みあわせた低品質の飲物が生まれることになる。1970年代に何か甘いカクテルをオーダーすれば、人工的に合成された多くの材料を体内に流しこむことになるのだった。

この時代の甘いカクテルにはいくつか共通点があった。まず、だいたいオレンジジュース（瓶または缶入り）が使われている。スピリッツを使う場合はウォッカが多い。リキュールを使うとなればシロップのように甘く、クリームベースだったり鮮やかな色だったり（あるいはその両方だったり）して、相対的にバーよりスイーツショップにふさわしい飲物になるのだ。カクテルの名前については、ブルーラグーン（青いサンゴ礁）のように南太平洋をイメージさせ、甘い夢を見させるような名前から、セックス・オン・ザ・ビーチのようにあからさまで挑発的な名前まで何でもありの状態だった。楽しければいい、自由に恋愛すればいいという雰囲気のこの時代に、昔ながらのカクテル文化は冗談のタネにしかならなかった。しかしこの時代にふさわしい、徹底して退廃的な新しいカクテルが生まれつつあったことも否定できない。

この時代を代表するにふさわしい味とスタイルで人々を魅了していたリキュールのブランドが2つあった。ひとつはベイリーズ・アイリッシュ・クリームだ。1973年に発売されたこのリキュールは乳製品の生クリームを本当に使った初めてのリキュールだった。アイルランドの特産品である乳製品とアイリッシュウイスキーを使ったこのリキュールは、おもにイギリス国内で売られてから、まずオランダとオーストラリアに輸出された。次いでイギリスの空港の免税店でこのリキュールが売られるようになると、このリキュールの運命は大きく変わった。イギリスを訪れたアメリカ人が土産に買って帰るようになり、やがてアメリカ国内での配給契約が結ばれることになったのだ。

その名が示すとおり、このリキュールには生クリームが含まれているので、常温で保存するために均質化（ホモジナイゼーション）という処理を行っている。これは生乳中の乳脂肪球を細かい粒子にして乳化することで均質化する処理だ。これによってクリームが分離することを防ぐことができ、さらにリキュールが含むウイスキーのアルコールが微生物の成長を妨げることで腐敗を遅らせることもできる。ベイリーズの成功がきっかけになってアイルランドでは他にも多くのクリームリキュールが生まれ、アイルランド以外でもイタリアのディサローノ・ベルベット［アマレットにクリームとバニラ］やアメリカ産のラム・チャヤタ［ラムとコメを材料としてシナモン、バニラのフレーバーをつけたメキシコの飲物オルチャータと同じようなもの］、南アフリカ原産のマルーラの木の実を使

ベイリーズのノベルティとして作られたコーヒー／ティーカップ。1990年代。

ったアマルーラなど、多くのクリームリキュールが誕生している。

同じように甘いが、甘いクリームにメロン果汁のフレーバーを加えたのがミドリというリキュールだ。これは日本のサントリー社がヘルメス・メロン・リキュールと名づけて発売したものだが、1978年にアメリカで発売するときに「ミドリ」という日本語の名前に変更された。このリキュールのアメリカデビューはニューヨークのスタジオ54というディスコで、映画「サタデー・ナイト・フィーバー」の出演者たちのパーティーが開かれたときだった。日本風のジン&トニックに蛍光色の緑色がひときわ引き立ち、ディスコの雰囲気を盛りあげていた。

新しいリキュールが登場すればミドリを使ったジン&トニックや、ショットグラスにベイリーズとコーヒーリキュールとオレンジリキュールを層状に重ねたカクテルB－52が生まれる。おなじみのイタリアのリキュール、ガリアーノも負けてはいない。ベルボトムジーンズが流行した時代に引っ張りだこだったガリアーノはクレーム・ド・カカオと生クリームとともにゴールデン・キャデラックというカクテルで重要な役割を果たしたり、この時代を代表するカクテル、ハーベイ・ウォールバンガーに使われたりした。これはウォッカベースのスクリュードライバーにガリアーノを加えたもので、その名前の由来には、当時のサブカルチャーのひとつだったサーフィンをしたハーベイという男が酔って壁をたたいたから、などの説がある。

　アマレットは柑橘類の果汁などを加えたアマレットサワーとアラバマ・スラマー（アラバマ刑務所の意味）に使われている。アラバマ・スラマーはスロージン、アマレット、サザンコンフォートの組みあわせで、ミドリやベイリーズよりも長く人気を保っていた。アラバマ大学の近くあるいは大学構内で生まれたという話で、１９７１年に出版された『プレイボーイ・バーテンダーズ・ガイ

1989年に発売されたアマルーラもクリームリキュールのひとつだ。このブランドは野生のアフリカゾウを保護するためのチャリティー活動を行っている。アマルーラに使われているマルーラの木の実はゾウの好物なのだ。

ド』に初めてその名が見られる。一気に飲み干せる飲みやすさで、アメリカのレストランチェーンTGIフライデーズがピッチャーに入れて、簡単に注げる新しいタイプのパンチとして提供したのをきっかけに、さらに人気が高まった。

「ガリアーノのディスカバーゴールド」というレシピの小冊子に掲載されていたハーベイ・ウォールバンガーや前掲したB－52のような1970年代のカクテルは、マナーにこだわらずに楽しく飲むものだった。この時代はカクテルの進化という面から見れば後退した時代と見なされることが多いが、この時代なりのユニークな進化を遂げていたことも事実だ。それはきちんとした正統派のカクテルの対極としての、ただ楽しむためだけのカクテルへの進化だった。アメリカでは多くの家庭でカクテルパーティーを開いて楽しむ機会が増え、カクテル用の酒類やグラスなどを載せるワゴンやミニバーの設備をもつ家も多くなった。地下室や娯楽室をバーのように改造し、回転するビニール張りのスツールや作業用のカウンター、話題のリキュールを何種類も陳列できる棚まで用意する熱心な人も現れた。

ホームバーのある生活を楽しみたい人々のために、バーテンダーのスタン・ジョーンズが書いた『ジョーンズのバー・ガイド *Jones's Complete Bar Guide*』が1977年に出版されている。この包括的なガイドには新旧合わせて4000以上のカクテルのレシピが掲載されていて、そのどれもが材料にリキュール――マラスキーノやクレーム・ド・マントのように一般的な呼称で記されたリキュールもあれば、クレーム・ディヴェットやフォービドゥン・フルーツのように特定の商標が示さ

ガリアーノが出したレシピの小冊子『黄金を見つけよう *Discover Gold*』（1972年）に言わせれば「ハーベイをまん中に置けばパーティーは大成功」だそうだ。

れているものもある——を含んでいた。ここに記載されていたリキュールの多くはいつの間にか忘れ去られてしまい、21世紀のカクテルルネサンスで復活することになる。

ジョーンズのガイドブックを見れば1970年代のカクテル事情がわかるように、1988年に発表された映画「カクテル」を見れば80年代のバーの様子がよくわかる。トム・クルーズ演じる野心家のバーテンダー、ブライアン・フラナガンは「最後のバーマン詩人」を自称して、自分の作るスリー・トウド・スロース［ミツユビナマケモノ］（スロージン、アップルシュナップス、ダークラム）やオーガズム（ベイリーズ・アイリッシュ・クリーム、カルーア、アマレット）などの「甘くてしゃれたカクテル」の名前を大声で唱えていた。彼が特に熱心に勧めていたのが「モモで作ったシュナップス」だ。彼が言っていたのはオランダのジョン・デカイパー&サンズのオリジナル・ピーチツリー・シュナップスのことで、1984年にアメリカで発売されると、たちまち大評判になったリキュールだ。このピーチツリーはシュナップスと名づけられてはいたが、砂糖をいっさい加えていない伝統的なドイツの蒸溜酒であるシュナップスとは別の物で、甘いリキュールだった。このピーチツリーの開発を思いつき、提携していたオランダのデカイパー社に依頼して製品化したアメリカのナショナル・ディスティラーズ・プロダクツ社の研究者アール・ラ・ロウは、自分のちょっとした思いつきがこれほどの大評判になるとは予想もしていなかったに違いない。ピーチツリーは「モモのシュナップス」というまったく新しい分野をリキュール界にもたらし、この時代を代表するようないくつかのカクテルを生みだしている。中でもオレンジジュースと合わせたファジー・ネーブルは今も根強い人気をたもっている。ピーチツリーは発売後10か月間で1300万本を売りあげた。現在では日本が最大の市場になっている。

オーガズムやファジー・ネーブルというカクテル名から予想されるように、1980年代に流行したカクテルが暗示するものはセックスだった。蛍光色や果実のフレーバーも人々の心をとらえる要因にはなったが、カクテルの人気を高める何よりの要因はセックスの暗示だった。意味ありげな名前のカクテルは、もっとも危険な（あるいは最高の）口説き文句だった。リキュールの甘さもそれに力を貸した。スクリーミング・オーガズム（ウォッカ、アマレット、カルーア、ベイリーズ）、スリッパリー・ニップル（サンブーカ、ベイリーズ、アイリッシュ・クリーム）、セックス・オン・ザ・ビーチ（ファジー・ネーブル、ウォッカ、クランベリージュース、時にはブラックラズベリー・

リキュールも）、スロースクリュー（スロージン、ジンまたはウォッカ、オレンジジュース）などの名前をもつカクテルが、リキュール中心で若い快楽主義者に好まれるカクテルの一群だった。

　カクテル黄金時代の古典的なカクテルは使うリキュールの量をきちんと測っていたが、１９６０年代、70年代、80年代にはリキュールをいくらでも好きなだけ使い、ほとんど他の材料のフレーバーを消してしまうこともあった。ひとつのリキュールで美味しいなら、２つ使ってもいいじゃないか。３つでも４つでもいいじゃないか、という考え方が広まっていた。オレンジジュースかウォッカが入ればＯＫさ。シェイクやシャーベットにできるなら、そうすればいいじゃないか！

　この時代はリキュールとその使い方を進化ではなく退化の方向に進めた時代だった。リキュール

1982年、シャルル・ジャカン社はフォービドゥン・フルーツのボトルデザインを新製品のリキュール「シャンボール」に転用した。2010年には、もっとすっきりしたデザインでキャップの王冠も黄金色の飾り帯もないデザインになる。

は夕食後に優雅にたしなんだり、カクテルに加えてアクセントにしたりするものではなくなっていた。そうではなくて最前列の、あるいは中心の位置を占めてパーティーを盛りあげる役目を受けもち、その役目を十分すぎるほど見事に果たしていた。しかし、カクテルを描写するフルーティ、泡立っている、グラスの中のセックスといった表現は、やがては洗練された、かすかな、エレガントなといった形容詞にふたたび変わることになる。この変化が起こるにはまだ10年ほどかかるだろう。

しかしその動きはすでに始まりかけている。手軽な割り材のサワーミックス、瓶入りの果汁、リキュールの上に重ねたリキュールの層などが猛威をふるった時代は去り、カクテルのルネサンス時代と呼ばれる1990年代が少しずつ、静かに始まろうとしていた。

第8章◉カクテルは新たな時代へ

街に夕闇がせまれば、仕事のあとの休息のとき、カクテルアワーの始まりだ。
バーナード・デヴォート『時間だ：カクテル宣言 *The Hour: Cocktail Manifesto*』
（1951年）

2000年代になるとカクテルは新しい時代、クラシックなレシピ、材料、テクニックが見直される時代に入る。しかしこの大きな変化が生まれる前には、バーテンダーも顧客も、その両者をつなぐカクテル自体も大変な産みの苦しみを経験する必要があった。1990年代に入っても、リキュールの世界は相変わらず子供じみた甘さの追求に明け暮れていた。しかしそんな中でも、その辺のちょっと気の利いたレストランでは次第に70年代、80年代に生まれたマッドスライドやスリッパリー・ニップルが変化し始めていた。ただし悪い方向に。変化はしても相変わらず非常に甘かったのだが、それらはなんと大人好みのクラシック中のクラシックとも言えるカクテル、マティーニの形を模倣したのだ。

◉似非《えせ》マティーニ

カクテルの殿堂に不動の地位を占める伝統のカクテル「マティーニ」は、もちろんジンとベルモットの組みあわせだ。しかし1950年代以降、ジンにはウォッカという手ごわいライバルが現れた。スミノフによる「ウォッカは息がにおわない」キャンペーンの影響も大きかったが、最高にセクシーな男性ジェームズ・ボンドがウォッカを好んだせいもあって、ウォッカマティーニのほうが優勢になってしまったのだ。

しかし1990年代のウォッカマティーニを知ったら、ジェームズ・ボンドもさぞ驚いたことだろう。ベルモットもビターズもない。ウォッカが提供する白いキャンバスを埋めたのは果汁か非常に甘いリキュールだった。ここにはもはやボンドの面影はない。クラシックなV字型のカクテルグラスにウォッカと混ぜて注がれさえすれば、たとえ少し前まで流行していたシューターカクテル――ショットグラスに手当たり次第に入れて混ぜただけの甘いカクテル――と大差ないものでも、何でもかんでもマティーニの名がつけられた。何を飲んでいるかではなく、飲んでいる自分が人からどう見られるか――そして自分がどう感じているか――が重要なのだった。都市の社交界の住人

2002年にロンドンでダグ・アンクラーが考案したポーンスター・マティーニ（バニラ、ウォッカ、フランスのリキュール「パッソア」、パッションフルーツ果汁、ライム）はその後も世界的な人気をたもっている。ポーンスターとはポルノ女優のことで、この挑発的な名前も人気の一因かもしれないが、何よりもこのカクテルの甘美なフレーバーが人気の最大の理由だ。

たちはグラスを傾ける自分がセクシーに見えれば満足だった。郊外の住人たちは都会の住人と同じようにあか抜けて見えることが嬉しかった。ウォッカマティーニの流行はチチマティーニと呼ばれるトロピカルカクテルの一群――ウォッカにココナツミルク、パイナップルジュースなどを加え、フルーツを飾る――まで生みだした。カクテルメニューのチチマティーニの欄を見れば、ウォッカは脇役にまわっていろいろなリキュールが主役を張る、デザートのようなカクテルが10種類以上も並んでいた。洒落たV字型のカクテルグラスを傾ける姿に洗練された大人の雰囲気がただよっているなら、グラスの中身がチョコレートとラズベリー味の甘い飲物でも構わないだろう？

この1990年代にはいくつかのリキュールのフレーバーの人気が高まり、似非マティーニブームの主役に躍り出ていた。そのひとつがリンゴだ。中でもアメリカでデカイパー社が売り出したサワーアップルパッカーは大変な人気だった。デカイパー社が1980年代にアメリカで売りだして大成功をおさめていたピーチツリーは、当時のフレーバーの基準となった。それと同じようにサワーアップルパッカーのキャンディーのようなフレーバーは似非マティーニブームを生んだ90年代の風潮とぴったり合っていた。ロサンゼルスのレストラン「ローラズ」でひとつのカクテルが誕生したのもまさにこのサワーアップルパッカーが発売されたのと同じ年、1996年だった。

その「アップルティーニ」というカクテルは、必要に迫られてしかたなく考案されたものだった。レストラン「ローラズ」のオーナー、ローレン・ダンズワースは余ったウォッカとアップルシュナップスをなんとか使いきりたいと考えた。そこでバーテンダーのアダム・カーステンがふたつを合わせてカクテルにし、アダムのアップルマティーニと名づけたのだ。その後に起こったことはティーニカクテルにまつわる物語として語り継がれることになった。やがてそのカクテルはビッグアップルと改名されるのだが、同じようなカクテルが増えたせいでその全部を意味する普通名詞となった「アップルティーニ」は2000年10月4日付のニューヨーク・タイムズ紙に大きく取り上げられて大評判になるのだ。その記事は「ウォッカとある種のリンゴのスピリッツ（リキュールのこと）で作られた、さわやかな新しいカクテル」の誕生を告げ、「アップルマティーニは間違いなく旬の飲物だ」と書いていた。

アップルティーニはそれに続いて作られたコスモポリタンとエスプレッソマティーニという2つのカクテルと人気を分けあうことになった。コスモポリタン（コスモ）は基本的にはすでにあったカクテル「カミカゼ」（ウォッカ、トリプルセック、ライムジュース）にクランベリージュースを少し加えたものとも言える。１９８８年にニューヨークのバー「オデオン」のバーテンダー、トビー・チェッキーニがアブソルート・シトロンというレモンフレーバーをつけたウォッカ（砂糖は加えずにフレーバーだけをつけて発売されるようになったいくつかの新しいウォッカのひとつ）をベースに、コアントロー、ライムジュース、クランベリージュースを加えるレシピを考案したのだ。このレシピではコアントローよりクランベリーのフレーバーのほうが強いが、コアントローなしではコスモとは呼べない。

一方エスプレッソマティーニのオリジナルバージョンは、ロンドンの有名なバーテンダー、ディック・ブラッドセルが１９８０年代前半に考案したウォッカエスプレッソという名のカクテルで、ウォッカとエスプレッソだけのシンプルなレシピだった。１９９７年にロンドンで人気のバー「マッチ」に移ったブラッドセルは、周囲の似非マティーニブームに合わせて、コーヒーリキュールを足したウォッカエスプレッソの進化バージョンをエスプレッソマティーニと名づけたのだ。

甘味の強い似非マティーニは、その飲みやすさと見た目のスマートさによってカクテルの世界にひとつの功績を残した。カクテルはお洒落ですこし気取った飲物だ、というイメージをよみがえらせたのだ。もちろん純粋なクラシックカクテル愛好家から見れば、これには反論の余地があるだろう。どうして甘いだけの液体をマティーニと呼べるのだ？　カクテルグラスに入っていれば何でもかんでもマティーニと呼んでいいのか？……と。

◉変化はレストランの厨房からバーへ

リキュールの使い方や量をもっと控えめにしてクラシックなカクテルの良さをとりもどそうという動きが起こった原因のひとつは、現代の食文化が変化したことだ。1980年代にケーブルテレビが普及して音楽やポップカルチャーに変化をもたらしたのと同じように、1993年に食をテーマにした専門テレビ局フードネットワークが開局したことで、一般消費者も料理そのものや調理法、材料など飲食のあらゆる面に関する最新情報に接するようになった。そうなると消費者は食生活に対する好奇心が高まり、もっとよく知りたいと思うようになってくる。

アメリカのレストランは、フランス、日本、ラテンアメリカなどさまざまな地域の材料や調理法などを採りいれた多国籍料理を提供するようになった。カリフォルニア州バークレーのレストラン「シェ・パニース」のオーナー、アリス・ウォーターズが1971年に提唱した「農場から食卓へ」運動は、1990年代から2000年代に入って勢いを増した。消費者は新しい味や珍しい味だけではなく、地元で季節ごとに採れる新鮮な材料を欲するようになってきた。

レストランの厨房で始まった考え方や試みは、やがてバーにも広まっていく。ロンドンやニューヨークなどの大都市のバーで働き先進的な考え方をもつ一部のバーテンダーは、しぼりたての柑橘果汁を使ってみたり、クレーム・ド・ミュールのように姿を消してしまったクラシックなリキュールを探しだしたりして、古いレシピの研究をするようになっていた。マティーニに関して言えば、

アマーロとビターズをアメリカで初めて提供したバー「アモール・イ・アマルゴ」のカウンター。ここに座った客は、目の前の壁一面を占める棚のたくさんのボトルから好みのアマーロを選ぶことができる。

相変わらずウォッカと甘いリキュールのバージョンが優勢だったが、ジンに少量のリキュールをアクセントに使う昔ながらのバージョンも少しずつ見られるようになっていた。ロンドンではディック・ブラッドセルとホテル・レーンズボローのライブラリーバーのバーテンダーであるサルバトーレ・カラブレーゼが、よりエレガントで抑制のきいたカクテルの復活をめざして行動を開始していた。カラブレーゼのブレックファースト・マティーニは、ジンとトリプルセック、オレンジマーマレード、柑橘果汁というレシピだった。ニューヨークのレインボールームでは、デイル・デグロフ――１９９０年代の（現在でも）アメリカのバーシーンでもっとも影響力のあったバーテンダー――がシャンパンベースのカクテルにコアントローとマラスキーノのひねりを効かせたカクテルを考案し、リッツと名づけていた。

レストランのシェフがひとつひとつの材料を吟味

したり、フレーバーの新しい組みあわせを試したりするようになるにつれて、バーにもその影響が出てきた。レストランのシェフは自分の料理のフレーバーに合わせて、それをいっそう引き立ててくれるようなカクテルを求めることが多かったのだ。食と健康に関する現代的な考え方は飲物にも反映され、カクテルの砂糖は主役の座を降りてわき役となり、材料をまとめ上げる役割だけが残された。その好例とも言えるカクテルが、シェ・パニースのあるカリフォルニア州バークレーに近い小さな町エメリービルで生まれた。その町のレストラン「タウンハウス」のバーテンダー、ポール・ハリントンは歴史に残るカクテルを研究し、それをもとに現代のグルメな顧客のためのカクテルを考案したのだ。彼が1993年に作った、今ではクラシックとみなされているカクテル「ジャスミン」は、禁酒法時代のペグークラブ・カクテル（ジン、キュラソー、ライム、ビターズ）をもとに、少しだけカンパリ――イタリアの苦いリキュールであるアマーリの中で当時のアメリカでも知られていた数少ないリキュール――を使ってアレンジしたものだった。

◉国際的な連携

シェフやバーテンダーが新しい素材や新しい調理法について研究を深め、その成果が見え始めたころ、情報を共有するための強力な媒体、インターネットで世界を結ぶWWW（World Wide Web）が誕生し、社会に大きな変革をもたらし始めた。ネット上の掲示板、ユーザーグループ、特定のテーマに関するウェブサイトなど、1990年代のインターネットは、音楽でもコレクションでもカクテルでも、とにかく同じものに興味をもつ人々が集まってともに学び、議論することができるオンライン・コミュニティーを生みだしたのだ。カクテルに関するいくつかのコミュニティーの中で、もっとも影響力があったのがドリンクボーイだった。1990年代後半にマイクロソフトの社員ロバート・ヘスが作ったこのサイトは、長年にわたってカクテルを愛してきたヘス自身のカクテル愛を多くのフォロワーに伝えていた。

その後ヘスが開いたディスカッションフォーラムには世界中のバーテンダーたちが参加するようになる。ヘスはそれについて次のように語った。

今では考えられないことだが、当時はバーテンダーもカクテルの愛好家も物理的に近い場所にいる少数の仲間から情報を得ることしかできなかった……もっと深く知りたいと思えばひとりで頑張るしかなく、こんなことを知りたいと思っているのは自分だけかもしれないと、孤独を感じることも多かったのだ。

このサイトの中心メンバーとなって情報を交換していたのは、カクテル・ルネサンス初期のそうそうたる顔ぶれだった。リストにはゲイリー・「ギャズ」・リーガン、デイル・デグロフ、オードリー・サンダース、デビッド・ウォンドリッチ、ジェレド・ブラウン、アニスタシア・ミラー、テッ

ディサローノ・ベルベットは、アーモンドリキュールのディサローノをベースにクリームやバニラなどを加えたもの。2020年の発売以来、このリキュールの広告は今もイタリア生まれであることを強調するキャッチコピー「新しいドルチェ・ヴィータ（甘い生活）」を使っている。

ド・ヘイグ、ジェフ・ベリー、フィリップ・ダフ、アンガス・ウィンチェスター、マーティン・ドゥドロフなども名を連ねていた。アメリカ国内ではほとんど入手不可能だったマラスキーノについてこのサイトで話題になったこともある。（今は閉店したペグークラブのオーナー、オードリー・サンダースはペグーで使うために必死でマラスキーノの配給業者を探し出し、アメリカの他のバーでも入手できるよう手配した）。

カクテル史研究家テッド・ヘイグが2000年6月4日付でドリンクボーイに投稿した「絶滅したリキュール」と題する文章で彼は、自分が「カクテルの世界の恐竜」と呼ぶリキュールを切望する気もちを語っていた。彼が恐竜と呼んだリキュールの中には、クレーム・ディヴェット、スウェディッシュ・プンシュ、フォービドゥン・フルーツも含まれていたが、この3つは今では入手可能になっている。へスのこのフォーラムのほかにもポール・ハリントンが雑誌ワイアードのウェブサイトに設けた「カクテルタイム」やテッド・ヘイグの設けたサイトcocktailDB.comなどがこの分野で先駆的な役割を果たした。

インターネットが普及して世界中からアクセスできるようになるにつれて、さまざまなウェブサイトがカクテル関係の古い書籍のスキャンや、レシピのデータベースなどの貴重な資料を提供するようになり、安心して世界中から商品を取り寄せられるようになり、eメールによって世界のどこにいる相手とも直接連絡をとれるようになった。スピリッツとカクテルの愛好者は、世界中の仲間とつながることができるようになったのだ。カクテル・ルネサンスが始まったときにそうした背景があったからこそ、カクテルやリキュールに関するアイデアや考案した作品について人々はリアルタイムで情報を交換することができた。彼らは新しい技法について、あるいは歴史的な素材を入手したり使ったりすることについて、相談する相手ができたのだ。ボタンひとつで世界中のだれとでもつながることのできるインターネットがスピリッツの世界にもたらした影響力は、グーテンベルクの活版印刷機の発明にも匹敵すると言えるだろう。

◉まるでミレニアムのパーティーのように

西暦2000年紀も間近になったころには、一部の意欲的なバーテンダーだけでなく全世界のバーテンダーが、良質の材料を使い独自の工夫をこらして作るカクテルの将来性に気づき始めていた。料理の世界の新しい動向とインターネットの普及というふたつの要因が、新しいカクテルの創造をめざすクラフトカクテル運動が起こるきっかけを作ったのだ。この動きは2000年代に大きく発展することになる。ニューヨークではデイル・デグロフが、ロンドンではディック・ブラッドセルが、バーテンダーの仕事を小遣いかせぎのアルバイトではなく一生をかける職業と考える新世代のバーテンダーたちのために、助言者の役割をつとめていた。歴史に残るカクテルや現代的なカクテルのレシピが雑誌に掲載されることも多くなり、人々に豊かなフレーバーの世界を紹介するようになった。そうして紹介されるレシピには、リキュールが含まれていることが多かった。2000年紀の到来とともに、新旧を問わず、いろいろなリキュールが入手しやすくなっていた。

こうした変化は1990年代末から2000年代にかけてゆっくりと進行していたのだが、アメリカのバー文化の未来を変えたと言えるひとつの日付がある。1999年の大みそかに、予約なしで入れて特別なマナーも必要としない、ありふれた小さなバーが、ニューヨークのロウアー・イーストサイドに開店した。何かを予言しているような気がしないでもないそのバーの名は「ミルク＆ハニー」といい、意図したわけではなかったが禁酒法時代の「もぐり酒場」の雰囲気をただよわせていた。オーナー兼バーテンダーのサーシャ・ペトラスキはそう言われることを嫌ったが、彼のバーは確かに、その後ニューヨークからアメリカ全土に、そして全世界に広まることになる現代のクラフトカクテル（創作カクテル）を売り物にするバーの先駆けだった。

ミルク&ハニーのようなバーのバーテンダーたちは、失われていたカクテルの魔法を復活させ、カクテルの世界に新時代をもたらした。同じ志をもつ仲間が次第に増えてくると、古いものも新しいものも含め、いろいろなカクテルのレシピを教えるガイドブックが求められるようになった。それに応えてハリントンの『カクテル：21世紀の飲物のためのバイブル *Cocktail: The Drinks Bible for the 21st Century*』（1998年）、カクテルの歴史を記したウィリアム・グライムスの『ストレート、それともオンザロック *Straight Up or on the Rocks*』（2001年）、デグロフの『カクテルの技術 *The Craft of the Cocktail*』（2002年）、テッド・ヘイグの『ヴィンテージ・スピリッツと忘れられたカクテル *Vintage Spirits and Forgotten Cocktails*』（2004年）などの本が出版され、待ち望んでいた読者にクラシックカクテルの世界とそこで重要な働きをしてきたリキュールについての知識をもたらした。

次いで2007年にはデビッド・ウォンドリッチが『飲み干せ！ *Imbibe!*』を出版し、世界初のカクテルレシピ本『バーテンダーのための飲物の作り方ガイド、あるいは愛飲家のお供』を書いたジェリー・トーマスの生涯と、そのガイドにあるカクテルを紹介した。ウォンドリッチはこの労作を書くことで、トーマスをアメリカのカクテル文化の創設者、カクテル世界のヒーローの地位に祭りあげたのだ。勢いづいた現代のバーテンダーたちはクラシックなカクテルの発掘に励み、蒸溜所の経営者たちは古いスピリッツの再現に取りくんだ。やり手のビジネスマンたちは原産国だけで小規模に作られているために入手が難しかったリキュールブランドを見つけては、もっと大規模な市

Tempus Fugit Spirits is dedicated to the glory of the well-made cocktail.
Our goal is to source and recreate rare spirits and liqueurs from the pages of history to satisfy the demands of the most discerning connoisseur. Our focus is on what is often called a cocktail 'modifier'; those spirit-based ingredients used to transform whisky, gin, rum, etc. into a cocktail. The quality of the products that we represent clearly expresses why these award-winning brands stand at the very pinnacle of their categories.

テンパスフジットのスピリッツの広告。各種のリキュールも紹介されている。

場に売りだそうとし始めた。生産から需要につなげる代わりに、需要を生産の拡大に結びつけたのだ。

2000年代初頭から半ばにかけてはアメリカのいくつかの独立系の会社——ハウスアルペンズ、テンパスフジット、クーパー・スピリッツなど——がその需要に応じた。この時期でなければ、これらの会社は成功していなかったかもしれない。エリック・シードが2005年にハウスアルペンズを設立したときには、クラフトカクテル運動はまだマイナーな動きで、ニューヨークとロンドンに見られるだけだった。当時のアメリカではフレーバーをつけたウォッカと大手ブランドのリキュールがバーカウンターを支配していて、フレーバーの中心は「甘さ」であり、イタリアのトゥスカ、日本のミドリ、ランプルミンツのペパーミント・シュナップスが人気だった、とシードは語っている。

シードは大きな市場に製品を出すことを避け、ヨーロッパ産の希少価値のあるリキュールから始め、その後にスピリッツも市場に送りだした。シードが初期に輸入したリキュールのひとつはオーストリアの山岳地帯でその地域の固有種の松ぼっくりを原料にして生産されたジルベンツ・ストーンパイン・リキュールだった。シードは「リキュールは使われるときに材料のフレーバーを最高の状態で発揮できるように心がけて作られているからこそ、今も昔もカクテルに欠かせないのだ。リキュールは、時には抽出が難しいこともある薬草のエキスや苦味成分のフレーバーと甘さとをうまく両立させる偉大な力をもっている。それに、何よりリキュールには味の一貫性がある」と語っている。

シードが現代のアメリカのリキュール文化に多大な貢献をしてきたことは明らかだ。彼がアメリカにもたらしたリキュールにはフランスのサレール・ゲンチアン・アペリティフや、オーストリアのロスマン&ウィンター社がアルプスに咲く2種のスミレ、クィーン・シャーロットとマーチ・ヴァイオレットを使って作ったクレーム・ド・ヴィオレットなどがある。またシードは2012年にスウェーデンのマスターブレンダーであるヘンリック・ファシルと共同で、現代版のスウェディッシュ・プンシュを考案している。それについて彼は、ブーメラン（ライウイスキー、スウェディッシュ・プンシュ、ドライベルモット、レモンジュース）やディキディキ（カルヴァドス、スウェディッシュ・プンシュ、グレープフルーツジュース）などの「いくつかの非常に有名なカクテル」にプンシュが使われていることを知ったからだ、と語っている。シーズが作ったスウェディッシュ・プンシュは19世紀のオリジナルレシピに従って、インドネシアのサトウキビで作ったスピリッツのバタヴィア・アラック（彼はこれの輸入も手がけた）と少量の紅麹《こうじ》を使っている。

ハウスアルペンズの1年後にはテンパスフジット社が登場し、何種類かのアブサン――20世紀初頭から毒性があることを理由に輸入販売を禁じられていたが1997年になって条件付きで禁止が解除された――の販売を始めた。同社の創設者ジョン・トロイアとピーター・シャーフは続いて禁酒法以前に飲まれていたリキュールの復活にとりかかった。彼らは「19世紀の製法に忠実に」をモットーにかかげて人工的なフレーバーや色をつけない製法にこだわり、大量生産を行わなかったことで、職人たちが手作りしていた昔のリキュールを現代のアメリカに復活させた先駆者と見なされている。現在のテンパスフジットの製品には、クレーム・ド・カカオ、クレーム・ド・マント、ノワイヨ、クレーム・ド・バナーヌ、クレーム・ド・ヴィオレットや、アマーロのフェルネット・デル・フラーテなどが含まれている。

ハウスアルペンズやテンパスフジットが小規模生産の希少なリキュールの供給に努める一方で、シャルル・ジャカン社の創設者の血を引くロバート・クーパーは、2006年にクーパー・スピリッツ社を設立した。急成長しつつある新しいリキュール産業での活躍をめざした彼が発売したリキュール、サンジェルマン・エルダーフラワーは、またたく間に大成功をおさめた。かすかな花の香りと柔らかな甘さをもつそのリキュールは、消費者の期待に完璧に応えるものだった。斬新なフレーバー、洒落たベルエポック風のボトルデザインに、セクシーさを強調した賢いマーケティング戦略も相まって、サンジェルマン・エルダーフラワーはリキュール界に旋風を巻き起こしたのだ。

このリキュールに魅せられたバーテンダーたちによって、たくさんのカクテルが誕生した。さまざまな形をとってさまざまなメニューに登場するようになったサンジェルマンは、業界では「バーテンダーのケチャップ」と呼ばれることもあった。「ケチャップ」とは少し意地が悪い言い方かもしれないが、その後もこのリキュールはバーの棚に欠かせない存在であり、カクテルの世界にひとつの時代を作った製品であることは間違いない。ロバート・サイモンソンは2009年12月29日付のニューヨーク・タイムズ紙上でこのリキュールの影響に言及し「独特の香りをもつこのエルダーフラワーのリキュールは、瀕死の状態にあったリキュール業界をほとんど独力で活性化した」と言いきっている。

小規模生産のリキュールが市場に出るたびに、リキュールをカクテルに入れて飲むだけでなくストレートでも飲みたい人々のためにも、より大規模に生産してはどうかという大手メーカーからの誘いがある。2001年には、ウォッカとコニャックをベースにしたフランスのリキュール、ヒプノティックが、その独特のターコイズブルーの色あいとトロピカルフルーツジュースのさわやかな甘味から注目を浴びた。発売直後からカニエ・ウエストやショーン・コムズなどのラッパーが気に入り、彼らの言う「ヘニー」つまりヘネシーのコニャックといっしょに飲むとその名のとおり（ヒプノティックは催眠の意味）うっとりした気分になると宣伝した。ヒプノティックとコニャック、ライムジュース、ビターズを合わせた緑色のカクテル「インクレディブル・ハルク」も好評だ。

ドイツの伝統的な食後酒としてのルーツをもつ濃い赤色のリキュール、イエーガーマイスターも、パーティードリンクとして根強い人気を誇っている。しかし2007年に発売されたファイアーボールというシナモン風味のウイスキーリキュールがその地位を脅かす存在になっている。このリキュールは当初はドクター・マギリカディのファイアーボール・ウイスキーという不格好な名前で売りだされたのだが、カナダのシーグラム社から権利を買いとったアメリカのサゼラック社がただのファイアーボールに名前を変え、ラベルに火を吐く悪魔の絵を印刷して「天国の味と地獄の炎の熱さ」というキャッチコピーをつけたのが良かったようだ。ファイアーボールもサンジェルマンのケースと同様に巧妙なマーケティング戦略が当たったともいえる。ヒプノテックのラッパーたちのかわりにファイアーボールが営業担当に起用したリチャード・ポウムズは、バーがたくさんある町にねらいをつけてファイアーボールを売りこみ、あっという間に大ヒットさせた。

同じようにパーティーを盛りあげる飲物としての大衆受けをねらって、多くのウォッカブランドも甘さを加えたウォッカで市場に参入してきた。そうしたウォッカブランドの中には、砂糖や人工

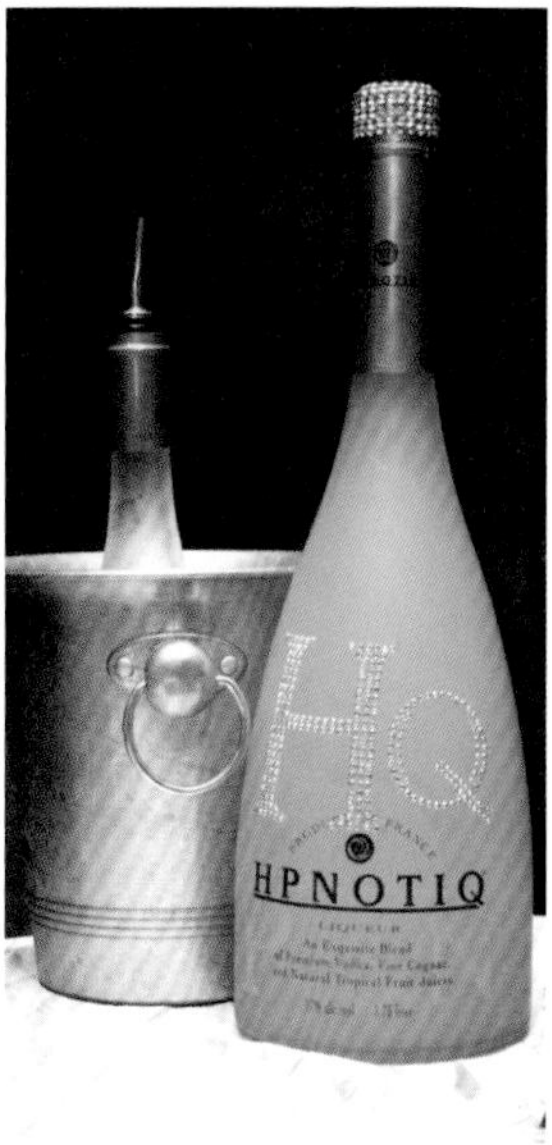

ヒプノティックは2000年代のクラブシーンには欠かせないリキュールになり、同じころ流行した歌にもしばしば登場していた。

アメリカのOM（Organic Mixology）社のチョコレートリキュールは、サトウキビのスピリッツをベースにフェアトレードで輸入されたオーガニックチョコレートを使用して作られている。この会社は自社のスピリッツにコールドブルーコーヒーをブレンドして、手軽に飲める缶入りエスプレッソマティーニ風の商品も作っている。

物は加えずに柑橘類やキュウリなどをウォッカに漬けこんでそのエッセンスを浸出させたことを売り物にした製品もあった。それとは対照的に、２０１０年ごろからは甘さを前面に出したもの、人工の甘味料やフレーバーも使ったデザートのようなウォッカも出てきている。チョコレートやキャラメルのようなおなじみのフレーバーだけでなく、バースデーケーキとかマシュマロのようにちょっと変わったフレーバーをつけたものもある。これらはもはやウォッカというよりリキュールだ。

◉ブーム到来

現在のリキュールの流行について語るなら、アメリカのカクテル文化とそれがもたらした世界のカクテルシーンにおける変化を見る必要がある。リキュールは多くの国で古くからストレートで飲まれていたが、多少の変化をつけるためにカクテルに加えられたり、あるいはカクテルの主役をつとめたりするようになったことで、新しい段階に突入した。21世紀になってリキュールの人気が飛躍的に高まったのは、カクテルにリキュールが与えるフレーバーが強く求められるようになったからだ。

ジェリー・トーマスを始めとする先駆者たちがレシピ本に記録を残したカクテルが再発見され、再現を試みられるようになると、名前だけ残っていても今では入手が難しくなっている多くのリキュールを求める声が高まってきた。今やそうした需要は、かつては想像もできなかったレベルで満たされるようになっている。クレーム・ド・マントやキュラソーなどは多くのノーブランド製品が大量生産されているが、それらは品質が劣る材料や天然でない成分を使っていることも多い。21世紀に入るころに出たレシピ本で使いたいが入手が難しいとされていたいくつものリキュールが、多

アイスランドのフォス蒸溜所が作るビョークバーチリキュールは、アイスランドの固有種であるカバノキ（アイスランド語でビョークという）を使っている。

ニクスタ・コーンリキュールは目新しいフレーバーを使って私たちを驚かせる多くの新商品のひとつだ。

くの小規模なメーカーが再現を試みたおかげで今では入手できるようになっている。２０１６年にはリキュール界のカリスマのひとりジュゼッペ・ガッロが、何世紀も製造がとだえていたロゾリオのひとつイタリクス・ディ・ベルガモットを作った。現在ではエアルーム・スピリッツ社がアメリカ製のアルケルメスを製造し、最近ではリー・スピリッツ社が古い文献を調査したり、古いボトルのフォービドゥン・フルーツを試飲したりして新しいフォービドゥン・フルーツを作り、市場に出している。

今では歴史あるブランドの伝統的な製品は需要が高く、メーカーは製造と販売を拡大している。マリー・ブリザール、ジファール、マチルドといったフランスの老舗リキュールメーカーの製品も、とくにアメリカでは目にする機会が増えている。ボルスやデカイパーなどオランダの老舗メーカーも供給を拡大している。イタリアでは少量生産されている各種のアマーロや地方に根差した中小メーカーのリキュールが、販売代理店やネットショップのおかげで世界中に販路を伸ばしている。これまではリキュール産業とは無縁だと思われていた国々の小規模なメーカーも、少しずつ市場に参入し始めている。たとえばインドのゴア州で作られるスパイス系のリキュール「アルマダ」は、初めて世界に認められたインド製のリキュールだ。ほかにもラジャスタン地方に数百年前から伝わるレシピで作られている古酒なども世界市場に進出している。

カクテル・ルネサンス運動が定着して業界が落ち着いてくると、新しいカクテルの創作に励んでいたバーテンダーたちは過去のカクテルにもう一度目を向け、その良さに気づくようになった。するとそれがまた、過去のカクテルに使われていたリキュールの人気に火をつけることになった。ハーベイ・ウォールバンガーのガリアーノ、グラスホッパーやスティンガーのクレーム・ド・マント、アマレットサワーに使われる同名のアーモンドリキュールのアマレットなどを始め、多くのリキュールが再び注目されるようになった。するとまた珍しいものを求めて、アンチョレイエス［乾燥トウガラシのフレーバー］やタムワース蒸溜所が少量生産するクロラッパタケというキノコのフレーバーをつけたブラックトランペット・ブルーベリーコーディアルなども人気が出てくる。

あるいは、あるブランドが何らかの路線を作りあげると、その路線から派生した新しい選択肢が生まれる。コアントローとグランマルニエのオレンジフレーバーのリキュールというラインにはルクサルドのトリプラムやピエールフェランのドライキュラソーが生まれた。同じように、コーヒーリキュールの王者カルーアのラインにはオーストラリアのミスターブラックやガリアーノ・リストレット（イタリア）やイエーガーマイスターのコールド・ブルー（ドイツ）がある。イギリスのジンブランドで見れば、伝統あるプリマスから創業したばかりのシップスミスまで、ほとんどすべてのメーカーがスロージンの流行にのっている。

統計はあまり面白いものではないが、真実を伝えるものではある。げんに統計を見れば現在のリキュールの収益性や酒類市場における位置づけがよくわかる。アメリカの例を見れば、米国スピリッツ協会（DISCUS=the Distilled Spirits Council of the United States）の統計で、２０１５年のリキュールの輸入総額は８億６４００万ドルだったが、２０１９年には10億ドルを超えている。世界中のバーのメニューに——レストランチェーンのメニューでさえ——創作カクテルが載っている。以前はクラシックカクテルのレシピに忠実にしたがっていたバーテンダーたちも、今は新しい試みを始め、古いものを尊重しつつもモダンクラシックとも呼べるようなカクテルを次々に生みだして

2022年にメキシコのイリーガル社製メスカルを使ってオーストラリアの蒸溜所が製造して発売したミスターブラック・メスカルカスク・コーヒーリキュールは、同社が2013年から製造してきた一連のコーヒーリキュールの新顔だ。

いる。今カクテルに求められているのは、その完璧なフレーバーで人間が生まれながらにしてもつ欲望——愉快な気分になりたいという欲望——を満たすことだけだ。

リキュールのいちばんの魅力は、ひとつのカテゴリーに収まりきらないことだ。甘さとフレーバーだけでなく、ベースのスピリッツもラム、ブランデー、ジン、テキーラなど多くの選択肢がある。かすかな甘さを感じさせるものも、びっくりするほど苦いものもある。植物由来の材料にしても、果実、ナッツ、根、樹皮などありとあらゆる部分が使える。

何より魅力的なのは、この甘さを加えたスピリッツの進化そのものだ。はるか昔にスピリッツから生まれたリキュールは、個々のスピリッツよりずっと多くの文化に触れ、歴史上のさまざまな出来事に出会ってきた。リキュールの始まりは紀元前8000年ごろにさかのぼり、リキュールの誕生に欠かせなかったサトウキビの栽培が最初に始まったのはニューギニアだったらしい。スピリッツの製造に欠かせない蒸溜の手法は紀元前2000年ごろに中国またはエジプトで始まったとの説が有力だ。砂糖とスパイスを東アジアからヨーロッパに運んだスパイス・ルートは早くも紀元前1500年ごろには確立されていて、アフリカ人、トルコ人、オランダ人、イタリア人などさまざまな民族が交易にかかわっていた。リキュールの発展の各段階には、何らかの地理的要因や発明や民族の関与があった。リキュールを一口飲めば、口中にひろがるそうした歴史的背景も味わうことになるのだ。

最初に誕生したリキュールはコーディアルと呼ばれていたが、その名称は「心臓の」を意味する

新たに生まれたクラシックカクテル、シャルトルーズスウィズル。アメリカのバーテンダー、マルコヴァルド・ディオニソスが2003年に考案したもの。彼はこれによってシャルトルーズに再びスポットライトを当て、正統派のすぐれたリキュールはいつでも主役になれることを証明した。

ラテン語の「コルディアリス」から来ていて、治療や健康増進のために飲む薬酒だった。しかしさまざまな進歩によって人の寿命が延びてくると、生きるためというより、生きることを楽しむためのものが求められるようになった。必需品ではないが、生活に潤いを与える嗜好品としての役割がリキュールに求められるようになったのだ。ラテン語の「コルディアリス」を語源として「心のこもった」あるいは「友好的な」という意味をもつ英語の形容詞「コーディアル」ができたのも決して偶然ではないだろう。

そのようなルーツをもつリキュール（コーディアル）だからこそ、時代を超えて蒸溜酒が私たちに与えてきたもの——陽気な社交性と祝祭的な気分——を象徴する存在になっているのだ。健康上の理由から飲もうと嗜好品として飲もうと、リキュールは確かに他のどんなスピリッツよりもこの社会で重要な役割を果たし続けてきた。リキュールはイスラムの黄金時代、ヨーロッパ諸国の大航海時代、カトリーヌ・ド・メディシスがフランスに嫁いだ時やチャールズ・ディケンズの作品の背景となった時代、居酒屋やもぐり酒場の繁盛した時代など、歴史上の数々の場面をつなぐ橋のような存在だった。さまざまなフレーバー、舌ざわり、ベースのアルコールをもつリキュールは、他のどんなスピリッツよりも多様性に富み、どんな要求にも応じられる飲物だ。ストレートで飲まれてもカクテルの材料として使われても、リキュールはジンやウイスキーからは得られない効果をあげることができる。リキュールが存在しなければ、それをショットグラスで一杯ひっかけることもパンチを作ることもカクテルを楽しむこともできなかっただろう。好みのカクテル——ラストワードでもシンガポールスリングでもエスプレッソマティーニでも——を飲むとき、こんなことをちょっと頭に浮かべてみるのも面白いだろう。

謝辞

歴史を探究することは、ウサギの巣穴に落ちた不思議の国のアリスの冒険に似たところがある。抜け出そうにも、途中で次から次へと邪魔がはいってずいぶん時間がかかってしまうことになりかねない。リキュールの歴史には私を惑わせる材料がグラスの縁からあふれるほどにあり、進むべき道を選ぶのは本当に大変だった。私にとってリキュールの歴史は世紀を超えて織りなされてきた壮大なロマン――命がけの恋もあればちょっとした恋のかけひきもある――のようなものだ。探究を進めれば進めるほど新しい発見が出てくる。私は今もまだ、もっと発見すべきことがあったはずだと感じている。リキュールの世界はまるで迷宮のようで、私は何度も道に迷い、何度も書き直すことになった。実際のところ、この本で私が書いたことは、これまでにこの「エディブルシリーズ」に書かせていただいた他の書物、とくにカクテル、スパイス、砂糖をテーマにしたもののそれぞれと関わりがある。

本書の執筆にあたっては次の方々や組織に大変お世話になった。ここにお名前をあげてお礼申し上げる。ジェイコブ・S・ビャルナソン、ナタリー・ボヴィス、ジェレド・ブラウン、サルヴァトーレ・カラブリース、キラ・カペッロ、アレックス・チョバーヌ、ハイディ・チャン、ターニャ・コーン、アルベルト・デ・ヘア、マルコヴァルド・ディオニソス、ピーター・ドレッリ、メーガン・エバリー、バーバラ・ファイニ、サイモン・フォード、スティーヴン・グールド、スティーヴン・グラース、ウーナ・グリーン、セバスチャン・ハミルトン＝マッジ、カイ・ハッキネン、エドガー・ハーデン、ミランダ・ヘイマン、ジャスミン・ホークリッジ、エアルームリカーズ、ロバート・ヘス、カーリナ・ジャニン、マーク・カーガー、アレックス・クラテナ、ランドゥイ・チョボロボ、ヴィクター・リルー、シューウェイ・リム、マッテーオ・ルクサルド、キース・マッキントッシュ、ステイシー・マイア、ジェフリー・モーゲンターラー、アシュリー・オット、ダニエラ・ポッロ、レイチェル・ハリスン・コミュニケーションズ、ドルー・レコード、サム・ロス、マシュー・ローリー、アディティア・サングワン、マヌエラ・サヴォナ、テス・ソイヤー、エリック・シード、ウィリー・シャイン、ジョシュア・スタインフェルド、ソザー・ティーグ、アフトン・トンプソン＝ウィット、カイラ・トービー、ジョン・トロイア、ネイサン・ファン・デア・ハーゲン、トン・フェルメーレン、デイヴ・ウイットトン、エミリー・ウィリアムズ。また本書の発行者であるマイケル・リーマンの寛大さに心から感謝したい。このシリーズの編集者として私に執筆の機会を与えてくれたアンディ・スミスに、完璧な仕事ぶりで私を助けてくれた担当編集者エイミー・ソルターと図版担当編集者スザンナ・ジェイズにもお礼を申しあげたい。最後に、私の心のより所であり、時には適切な助言を与えてくれた夫と、面白い話をしたり、意外なことに気づかせてくれたり、優しい言葉をかけてくれたりして毎日私を楽しませてくれた息子に心からの感謝を伝えたい。

私の旅はアリスの冒険の旅よりも長いものになったが、やっと不思議の国にたどり着くことができた。

今はすべての始まりになった砂糖に感謝したい。

訳者あとがき

本書「食」の図書館『リキュールの歴史』は、イギリスのReaktion Booksが刊行しているThe Edible Seriesの一冊、*Liqueur: A Global History*の翻訳である。同シリーズは２０１０年、料理とワインに関する良書を選定するアンドレ・シモン賞の特別賞を受賞している。

そもそもリキュールとはどんな酒なのか。ビールやワインのような醸造酒とは違う。醸造酒を蒸溜してアルコール度を高めた蒸溜酒（スピリッツ）とも何かが違うようだ。それならカクテルとリキュールの関係は？

著者は洋酒全般やカクテルに詳しくない読者にもわかるように、まずリキュールの定義から本書を始める。人類が偶然に発見した醱酵作用から生まれた醸造酒とは異なり、リキュールの誕生には蒸溜という技術の発明とハチミツに代わる甘味としての砂糖（サトウキビ）の獲得と、大航海時代に得られたさまざまなスパイスや果物の発見が関わっていた。おそらくは健康のためにいろいろな薬草を抽出して飲んだ薬酒から始まったリキュールが、現在のように世界中のバーやレストランで食前酒や食後酒として飲まれたり、お洒落なカクテルのフレーバーとして楽しまれるようになったりするまでには、なんとさまざまな出来事があったことか。

本書は十字軍、ルネサンス、大航海時代、フランス革命など多くの歴史的事件を経て21世紀の現代にいたるまでのそれぞれの時点で、リキュールがどのような役割を果たし、また逆にリキュールがどのような影響を受けてきたかを明らかにしている。読者はリキュールの歴史をたどりながら、はからずも世界史上のさまざまな事件に遭遇し、なるほど、これとこれがこう関係してくるのか、などと考えてワクワクしながら読み進むことになるだろう。

それにしても、恥ずかしながら私はリキュールの世界がこれほど広く深いとは知らなかった。ストレートで飲んだことがあるリキュールはイタリアのリモンチェッロだけ（甘くておいしかった）。お菓子作りに使ったことのあるオレンジキュラソーの正体がリキュールだったことも、本書で初めて知った。あとは昔飲んだカクテルに使われていたいくつかのリキュールの名前を挙げられる程度だ。

本書の著者が謝辞に書いているように、リキュールの世界にうっかり入りこむと、不思議の国のアリスのように深いウサギの巣穴にはまってしまうかもしれない。それでも、知らなかったことを知ることはやっぱり楽しい。本書にはそんな楽しみ方もあると思う。ベースとなるアルコールもさまざまで、フレーバーも舌ざわりも多種多様なリキュールのめくるめく世界を、本書で少しでも楽しんでいただけたら幸いだ。

なお本書に登場するリキュールの原産国はじつに多様であり、各国語でつけられた名称をカタカナで表記するのはなかなか難しい作業だった。できるだけ原音に近く表記するように努め、すでに日本で広く普及した呼び方があればそちらを採用する方針で臨んだが、誤りがあれば勉強不足の私が責めを負うべきものである。

最後になったが、本書を翻訳する機会をくださり、的確な助言と細やかな心配りをしてくださった原書房編集部の善元温子さんとオフィス・スズキの鈴木由紀子さんを始め、お世話になった多くの方々にこの場を借りてお礼申し上げる。

伊藤はるみ

写真ならびに図版への謝辞

図版の掲載を許可してくださった下記の方々および団体にお礼申し上げる。

Courtesy of Haus Alpenz: pp. 34, 95, 123, 125; courtesy of Amarula: p. 156; author's collection: p. 134 (Public Domain); courtesy of Lucas Bols: pp. 42, 98, 158, 164; Brooklyn Museum: p. 37 (Museum Collection Fund/Accession Number 40.16); courtesy of The Canberra Distillery: p. 54 centre; courtesy of the Division of Rare and Manuscript Collections, Cornell University Library: p. 136 (Public Domain); courtesy of Andrew Currie: p. 180; courtesy of Disaronno: p. 171; Flickr: p. 143 (David Zellaby); courtesy of Marcovaldo Dionysos: p. 186 (Credit: Darren Edwards); courtesy of Foss Distillery: p. 181; courtesy of Giffard-Bigallet: pp. 77, 115; courtesy of Golden Moon Distillery: p. 114; courtesy of William Grant & Sons: 14; Hardenberg-Wilthen ag: p. 24; courtesy of Rachel Harrison Communications: p. 184; courtesy of Hayman's Gin: p. 54 right; courtesy of Kahlua: p. 150; courtesy of Luxardo: p. 97; courtesy of Mast-Jagermeister u.s.: p. 116; courtesy of Nixta: p. 182; courtesy of Old Spirits Company: pp. 11, 67, 138, 160; Drew Record: p. 22; courtesy of Science History Institute: p. 10 (Public Domain); courtesy of Senior & Co: pp. 36, 45, 46; courtesy of Officina Profumo- Farmaceutica di S.M.Novella: pp. 27, 61; c Succession Picasso/ dacs, London 2023: p. 112; Public Domain: pp. 21, 25, 40, 50, 63, 69, 73, 80, 83, 87, 133; courtesy of Sipsmith London: p. 54 left; courtesy of David Solmonson: p. 155; Lesley Jacobs Solmonson: p. 6; courtesy of Sother Teague: p. 168; courtesy of Tempus Fugit Spirits: p. 175; Wikimedia Commons: pp. 8 (Public Domain), 13 (Nationalmusuem Sweden/ Public Domain), 18 (Drawing of a painting from the Caves of Cuevas de la Arana by fr:Utilisateur:Achillea converted to svg by User:Amada44/gnu General Public License), 28 (Petr Dlouhy/cc by-sa 3.0), 30 (SKopp/ cc by-sa 3.0), 49 (Tropenmuseum, part of the National Museum of World Cultures/ cc by-sa 3.0/this file was provided to Wikimedia Commons by the National Museum of World Cultures as part of a cooperation project), 65 (Le Bon Genre/Public Domain), 79 (Atlas des plantes de France, 1891/Public Domain), 99 (Matilde Serao [1856?1927], La Settimana, Naples: Angelo Trani, 1902/Public Domain), 107 (Boston Public Library/ cc by 2.0), 120 (Yale Center for British Art/Public Domain), 145 (Gianni Zottola/ cc by-sa 4.0); 179 (Sam Ford on Flickr/ cc by 2.0).

参考文献

Dubuisson, *L'Art du Limonadier* (Paris, 1804)

Braudel, Fernand, *The Structures of Everyday Life: The Limits of the Possible*, vol. i, trans. Siân Reynolds (New York, 1981)『日常性の構造1』フェルナンド・ブローデル著、村上光彦他訳、みすず書房　1994年

Craddock, *Harry, with additions by Peter Dorelli, The Savoy Cocktail Book* [1930] (London, 1999『サヴォイ・カクテルブック』サヴォイホテル、ピター・ドレーリ著、日暮雅通訳、パーソナルメディア、2002年

Dioscorides, *De materia medica, trans. T. A. Osbaldeston and R.P.A. Wood* (Johannesburg, 2000)『ディオスコリデス薬物誌』岸本良彦訳注、八坂書房、2022年

Duplais, Pierre, *A Treatise on the Manufacture and Distillation of Alcoholic Liquors*, trans. and ed. M. McKennie (London, 1871)

Embury, David A., *The Fine Art of Mixing Drinks* (New York, 1948)

Ferguson, Niall, *Civilization: The West and the Rest* (New York, 2011)『文明－西洋が覇権をとれた6つの真因』ニーアル・ファーガソン著、仙名紀訳、勁草書房、2012年

Gately, Iain, *Drink* (New York, 2008)

Grassi, Elvezio, *1000 Misture* (Bologna, 1936)

Haigh, Ted, *Vintage Spirits and Forgotten Cocktails* (Beverly, MA, 2009)

Hewett, Edward, and W. F. Axton, *Convivial Dickens* (Athens, OH, 1983)

Mew, James, and John Ashton, *Drinks of the World* (London, 1892)

Mintz, Sidney W., *Sweetness and Power: The Place of Sugar in Modern History* (New York, repr. 1986)

Rorabaugh, W. J., *The Alcoholic Republic* (New York, 1979)

Thenon, Georges Gabriel (known as rip), *W* (Paris, 1929)

Wondrich, David, ed., with Noah Rothbaum, *Oxford Companion to Spirits and Cocktails* (New York, 2022)

レシピ集

歴史的なレシピ：禁酒法以前から1970年代まで

◉アレクサンダー（1916年）、ブランデーアレクサンダー（1937年）

ジンを使うオリジナルのアレクサンダーはヒューゴ・エンスリンの『ミックスドリンクのためのレシピ *Recipes for Mixed Drinks*』(1916) にある。その後、時代が進むにつれてジンの代わりにブランデーを使うことが好まれるようになった。多くのバリエーションがあり、クレーム・ド・カカオの代わりに他のリキュールを使うことも多かった。レシピでは材料を同量ずつ使っているが、好みで量を調整してもいい。

ジン（オリジナル版）またはコニャックタイプのブランデー…30*ml*
クレーム・ド・カカオ…30*ml*
生クリーム…30*ml*

1. 材料をすべて氷とともにシェイカーに入れて、よく冷えて泡立つまでシェイクする。
2. ストレーナーを使ってカクテルグラスに注ぎ、すりおろしたばかりのナツメグをふりかける。

………………………………………

◉アマレットサワー（1970年代）ジェフリー・モーゲンターラーのレシピ

アマレットサワーは1970年代にとても人気があった。アマレットリキュールと柑橘類という平凡な組み合わせは、強い酒を割るための瓶入りの割り材として重宝された。問題は、リキュールが主体なので、これを使ったカクテルはますます甘くなることだ。

2000年代初頭に、オレゴン州ポートランド在住のバーテンダーで『蒸溜酒を飲む *Drinking Distilled*』の著者であるジェフリー・モーゲンターラーはアマレットサワーをなんとか変えることはできないかと考えた。そして彼が考案したバージョンは、今では多くの人から完成形と呼ぶにふさわしいと認められている。彼は「あるカクテルはもともと絶対に良くて、ある飲物はどうしようもなく悪いという考え方をくつがえしたかった」と語っている。モーゲンターラーはオリジナルのアマレットサワーはアマレットリキュールが主役だが、そのせいでアルコール度数が低すぎ、バランスのとれたカクテルにならないのだと考えた。そしてそれを改善するために、彼は以下のようなレシピを考案した。

アマレット…45*ml*
バーボン（カスクプルーフ：樽出しのアルコール度数のまま瓶詰めされたもの）…22*ml*
レモンジュース…30*ml*
砂糖と水の比率が 2：1 のシロップ…小さじ 1
軽くかき混ぜた卵の白身…15*ml*

1. 材料を全部カクテルシェイカーに入れて氷なしでシェイクして泡立てるか、

ハンドブレンダーがあればそれを使って混ぜて泡立てる。
2. 砕いた氷とともにさらにシェイクする。
3. ロックグラスに入れた氷の上からストレーナーを通して注ぐ。好みでレモンピールとブランデー漬けのチェリーを飾る。

モーゲンターラーは「これを作って飲ませた相手がびっくりしたら、最高の笑顔を見せよう」と言っているが、たしかに相手はびっくりするはずだ。

◉ビジュのリッツバージョン(1936年)

ビジュのオリジナルレシピはグリーンシャルトルーズとスイートベルモットを使う。1936年にパリのリッツホテルで考案されたこのバージョンには、いくつかの点で驚かされる。オレンジリキュールがなければ、これはマティーニだ。オレンジリキュールを加えたことで、スピリッツを前面に出したオリジナルの強さがやわらいでいる。まさに、リキュールにはカクテルを変身させる力があることを証明する一品だ。

ドライジン…60*ml*
オレンジリキュール(お勧めはコアントロー)…15*ml*
ドライベルモット…15*ml*
オレンジビターズ…1振りか2振り

1. すべての材料をミキシンググラスに入れて混ぜる。
2. グラスいっぱいに氷を入れ、全体がよく冷えるように30秒ほど強くかき混ぜる。
3. ストレーナーを通してクープグラスに注ぎ、上等のマラスキーノチェリーで飾る。

◉ブーメラン(1930年代)

ブーメランは最小限の材料でできるエレガントなカクテルであり、スウェディッシュ・プンシュがいかに甘美なリキュールかを教えてくれるカクテルでもある。ライウイスキーの代わりにバーボンまたはカナディアンウイスキーが使われることもあるが、基本的には『サヴォイ・カクテルブック *The Savoy Cocktail Book*』(1930)、『カフェロイヤル・カクテルブック *The Cafe Royal Cocktail Book*』(1937)、トレーダーヴィックスの『バーテンダー・ガイド *Bartender's Guide*』(1947)にあるものと同じだ。時代とともにブーメランのレシピはさまざまに変化し、オリジナルとはずいぶん違うものになっている。

ライウイスキー…30*ml*
スウェディッシュ・プンシュ…30*ml*
ドライベルモット…30*ml*
レモンジュース…1振り
アンゴスチュラビターズ…1振り

1. 氷を入れたシェイカーに材料をすべて入れ、30秒ほど激しくシェイクする。
2. ストレーナーを通してカクテルグラスに注ぐ。

◉エル・ディアブロ(1946年)

20世紀前半に生まれた数少ないテキーラベースのカクテルのひとつ。トレーダーヴィックスの『バーテンダー・ガイド』に初めて登場したときの名前はメキシカン・ディアブロだった。ライムとジンジャービールがもたらす爽快感に加えて、カシスの風味が意外な効果を生んでいる。

レポサドテキーラ…45*ml*
クレーム・ド・カシス…15*ml*
搾りたてのライムジュース…22*ml*
ジンジャービール…60*ml*

1. ジンジャービール以外の材料を氷とともに30秒ほどシェイクして冷たくする。
2. ストレーナーを使って1をコリンズグラスまたはハイボールグラスに注ぎ、氷を足す。
3. その上からジンジャービールを注ぐ。
4. 好みでスライスしたライムを飾る。

……………………………………………

◉フェードラ（1888年）

ハリー・ジョンソンの『バーテンダーズマニュアル』1888年版に掲載されていたフェードラは、今ではほとんど忘れられたカクテルだが、カムバックさせる価値はある。1882年に上演された芝居「フェードラ」で主演女優サラ・ベルナールがかぶっていた帽子の名が、このカクテルの名前になっている。オリジナルのレシピでは30mlのオレンジリキュールを使っていた。リキュールはアクセントとして使われることが多いのだが、このレシピではオレンジリキュールが他の材料をつなぎ合わせる重要な役割を果たしている。材料の割合、とくにオレンジリキュールの量は好みに合わせて変えることができる。

粉砂糖…大さじ1
水…小さじ1
コニャック…30*ml*
アンバーラム（琥珀色のラム）…15*ml*
ライウイスキー…15*ml*
コアントローなどのオレンジリキュール…30*ml*

1. ミキシンググラスの中で粉砂糖と水を混ぜる。
2. そこへ他の材料と氷を入れて、全体が十分冷たくなるよう30秒ほど混ぜる。
3. ミキシンググラスのストレーナーを通して、たっぷりの砕いた氷または大きな角氷ひとつを入れたロックグラスに2を注ぐ。
4. 好みで輪切りのレモンを飾り、砕いた氷を使った場合はストローを添える。

……………………………………………

◉ハンキーパンキー(1900年代初頭)

サヴォイホテルのアメリカンバーで女性初のバーテンダーを務めたエイダ・コールマンが考案したカクテルで、基本的には有名なマルティネスというカクテル（マティーニはこれの進化形と言える）に改良を加えたものだ。マルティネスはマラスキーノとビターズを使っていたが、コールマンはファーネット・ブランカを使うことでそのイメージを一新しただけでなく、たとえわずかな量でもリキュールを適切に使えばカクテルを驚くほど変身させることができると証明

したのだ。

ドライジン…45*ml*
ファーネット・ブランカ…2 振り
スイートベルモット…45*ml*

1. 氷を入れたミキシンググラスに材料を全部入れる。
2. 30 秒ほど激しくかきまわす。
3. カクテルグラスにストレーナーを通して注ぐ。

……………………………………………

◉ラスティネイル（1937 年以降）

このカクテルの起源についてはよくわかっていない。1937 年にすでに考案されていたかもしれないが、非常に人気が出た 1960 年代に生まれたのかもしれないのだ。スコッチウイスキーとリキュールのドランブイだけというシンプルな組みあわせのせいで、だれも深く考えてこなかったらしい。しかしこのシンプルさの中にこそ、ラスティネイルの魅力が隠されている。ドランブイ――ケルト系の言語であるゲール語で「満足させてくれる飲物」という意味――はウイスキーベースなので、まったく違和感なくスコッチと混ざり合い、それでいてハチミツとハーブの風味がウイスキーの強さをやわらげているのだ。グラスに入れた大きな角氷がゆっくり溶けてカクテルを薄め、飲みやすくしてくれる。スコッチのスモーキーな香りがリキュールの風味を消さないように、アンピーテッドスコッチ［蒸溜の燃料にピート（泥炭）を用いていないスコッチ］を使うこと。

スコッチウイスキー…45*ml*
ドランブイ…22*ml*

1. ふたつの材料をミキシンググラスに入れ、氷をたっぷり入れてよく冷えるまでかき混ぜる。
2. 大きな角氷をひとつ入れたロックグラスにストレーナーを通して注ぐ。

……………………………………………

◉ウィドウズキス（1895 年）

ジョージ・カッペラーの『現代アメリカンカクテル *Modern American Cocktail*』で初めて紹介されたこのカクテルは、禁酒法以前の傑作であり、ふたつの薬草系リキュールの素晴らしさを余すところなく表現している。ウィドウズキスは濃厚かつ強いカクテルであり、できることなら心地よい暖炉の火を前にして腰かけ、ゆっくりと物思いにふけりながら楽しんでほしい。

カルヴァドス…45*ml*
シャルトルーズ…22*ml*
ベネディクティン…22*ml*
アンゴスチュラビターズ…2 振り

1. すべての材料を氷とともにシェイカーに入れる。
2. 30 秒ほど強くシェイクしてから、ストレーナーを通してクープグラスに注ぐ。
3. 上質のマラスキーノチェリーを飾る。

……………………………………………

現代のカクテル

◉ブランブル（1980 年代）

イギリスのバーテンダー、ディック・ブラッセルが考案した優れたカクテルのひとつブランブルは、今では世界中のメニューに載っていて、モダンクラシックとなっている。

ジン…60*ml*
搾りたてのレモンジュース…30*ml*
シロップ…小さじ 2
クレーム・ド・ミュール…15*ml*

1. 氷を入れたシェイカーにジン、レモンジュース、シロップを入れて 30 秒ほどしっかりシェイクする。
2. コリンズグラスまたはオールドファッションドグラス（ロックグラス）に注ぎ、そこへ砕いた氷を入れて、その上端をドーム状にする。
3. 氷の上からクレーム・ド・ミュールをゆっくりかける。
4. ブラックベリー、ミントの葉、あるいはスライスしたレモンなどで飾る。

…………………………………………

◉シャルトルーズスウィズル(2003年) バーテンダーにしてカクテルマニアのマルコヴァルド・ディオニソスのレシピ

マルコによれば、このカクテルはサンフランシスコで開催された第 5 回シャルトルーズ・カクテル競技会（年間チャンピオンを決める）のために彼が考案したものだった。「何か目新しいものを作りたくて、トロピカルなものに挑戦した。ファレルナムというリキュールはまだあまり知られていなかったから、いくつかの競技会で私の『秘密兵器』として使っていた。私はその競技会で優勝したが、ファレルナムがどこでも手に入るようになってこのカクテルが広まるまでには数年かかった」と彼は語っている。カリブ海の伝統的なカクテルであるスウィズルからヒントを得て作られたこのティキ・カクテルは、薬草系のシャルトルーズとの組み合わせの意外性もあって、今ではモダンクラシックとなっている。

グリーンシャルトルーズ…7*ml*
ベルベットファレルナム…15*ml*
パイナップルジュース…30*ml*
ライムジュース…22*ml*

1. シェイカーに氷とすべての材料を入れ、30 秒ほどよくシェイクする。
2. 氷を入れたコリンズグラスにストレーナーを通して注ぐ。
3. 細長く切ったパイナップルの実と輪切りのライムを飾る。

…………………………………………

◉エスプレッソマティーニ（オリジナルバージョンは 1980 年代）

これもディック・ブラッドセルが考案したモダンクラシックのひとつだ。彼がロンドンだけでなく世界中のカクテルシーンにどれほど影響を与えてきたかがよくわかる。

ウォッカ…60*ml*
コーヒーリキュール…15*ml*
水と砂糖が 1：1 の割合のシロップ…7.5*ml*
リストレットショットのエスプレッソ［通常

のエスプレッソに使う量のコーヒー豆と通常の半分の水で抽出したもの。抽出時間が半分になるので後半に抽出される苦味が出にくい]…30ml

1. 氷を入れたシェイカーに材料をすべて(ただしエスプレッソを最後にして)入れる。
2. 30秒ほどシェイクしてから、V字型のマティーニグラスにストレーナーを通して注ぐ(1980年代のレトロな雰囲気を出すため)。
3. コーヒー豆を3粒飾って香りを楽しむ。

………………………………………………

◉ハー・ワード(2000年代)ハウスアルペンズ社のレシピ

このテキーラサワーはピーチリキュールからそのフレッシュな甘さを、コッキアメリカーノからほんの少しの苦味を得ている。

ブランコテキーラ…22ml
コッキアメリカーノ・ブランコ…22ml
ピーチリキュール(ロスマン&ウィンターなど)…22ml
レモンジュース(ストレーナーを通したもの)…22ml

1. 氷を入れたシェイカーに材料をすべて入れて、30秒ほどよくシェイクする。
2. ストレーナーを通してカクテルグラスに注ぐ。
3. レモンピールを飾る。

………………………………………………

◉シルクシーツ(2016年)エアルーム・スピリッツ社のレシピ

イタリアのリキュール、アルケルメスをアメリカで最初に作ったエアルーム社は、忘れられていた過去のスピリッツの再現に大きく貢献した。カクテルのシルクシーツについて同社の社員は「このカクテルの名前は、昔は赤く染めた絹を使ってアルケルメスに色をつけていたことにちなんでいる。ここで使っているメスカルはメキシコのサボテンにつくカイガラムシのコチニール色素に漬けこんだもので薄い色がついている。コニャックを使ったのはメディチ家とのつながりでアルケルメスがフランスで人気があったからだ……。こうしてこのカクテルは素朴でスモーキーで明るい色でフルーティ、そのうえ花の香りもするという一品になった。アルケルメスには個性の強い材料に立ち向かい、ばらばらに見えるフレーバーをしっかり結びつける不思議な力がある」と説明している。

搾りたてのレモンジュース…22ml
シロップ…15ml
メスカル・エスパディンホーベン…22ml
コニャックVS…22ml
エアルームアルケルメス…15ml
オレンジビターズ(できればビターキューブ)…1振り

1. 氷を入れたシェイカーに材料をすべて入れて、しっかりシェイクする。
2. シェイクしたらストレーナーを通してカクテルグラスに注ぐ。
3. グラスの上でオレンジの皮を搾り、皮は捨てる。

4. ローストして砂糖ごろもをつけたピーナッツを添えてすすめる。お菓子にも使われたアルケルメスの過去とフランスへの敬意のしるしだ。

………………………………………………

◉トゥースーン？（2011年）マンハッタンのバー、アッタボーイの共同創設者サム・ロスのレシピ

ロスはサーシャ・ペトラスキがニューヨークに開いた画期的なバー「ミルク&ハニー」で働いていた2011年に、「少ないほうが豊かだ」という精神を表現したこのカクテルを考案した。彼はありふれたジンサワーにアーティチョークのリキュール「チナール」とスライスオレンジを加え、チナールの苦味をほのかに感じられる程度におさえたカクテルを作りだしたのだ。これが生まれたきっかけについてロスは「注文のミスでバーの地下室にチナールのケースが山積みになってしまった。サーシャはチナールのロゴは好きだったがチナール自体は好きではなかった。そもそも苦いものが得意ではなかった。私がこのカクテルを彼のために作ると、彼はしぶしぶながらその美味しさを認めたので、私たちは少しずつチナールの余分な在庫をなくすことができた」と語っている。

ジン…30*ml*
チナール…30*ml*
フレッシュなレモンジュース…22*ml*
シロップ（水と砂糖が1：1）…15*ml*
スライスオレンジ…2切れ

1. シェイカーにすべての材料と氷を入れてよくシェイクする。
2. 冷やしたクープグラスにストレーナーを通して注ぐ。飾りはなしで。

………………………………………………

◉ヴェティヴエ・ヴューカレ（2023年）テイラー・アンド・エレメンタリーのバーテンダー、アレックス・クラテナが本書のために考案してくれたレシピ

伝統的なカクテルのヴューカレはベネディクティンの風味が前面に出ていた。クラテナは共同創設者としてかかわったムユ（Muyu）社のリキュールを使うことで土や木やタバコのような香りがするカクテルに仕上げている。

コニャックVSOP…25*ml*
スイートベルモット…25*ml*
ムユ・ヴェティヴェ・グリ…小さじ1½
ペイショーズビターズ…1振り

1. ミキシンググラスに氷と材料を全部入れ、冷えて薄まるまでかき混ぜる。
2. 氷を入れたロックグラスに注ぐ。

………………………………………………

◉ウォータープルーフウォッチ（2015年頃）ニューヨークのバー、アモール・イ・アマルゴのソザー・ティーグのレシピ

このカクテルはネグローニをより軽くさわやかにしたバリエーションで、2種類のアマーロがいかに互いに補い合い高め合うことができるかを示している。アペロールはネグローニに一般に使われるカンパリよりも苦味が少ないビターオレンジ系のアマーロで、モンテネグロもアマーロとしては苦味が少ない。

ロンドンドライジン…45ml
モンテネグロ…22ml
アペロール…22ml
デグロフ・ピメントビターズ…2 振り

1. 氷をいっぱいに入れたミキシンググラスに材料を全部入れてかき混ぜる。
2. 大きな角氷を 1 個入れたロックグラスにストレーナーを通して注ぎ、グラスの上でオレンジの皮をひねって香りをつける。

◉ホワイトネグローニ（2001 年）

このカクテルは、ロンドンのバーテンダー、ウェイン・コリンズが 2001 年にフランスのボルドーで開かれた大会ヴィネクスポ（VinExpo）で初めて披露したもの。フランス産の材料にこだわったコリンズは、カンパリを使う伝統的なネグローニに変化を加えた。スーズもリレブランも手に入れにくい材料だったので、このレシピの人気がでるまでには少し時間がかかった。アメリカではオードリー・サンダースのペグークラブが比較的早い時期にこれをメニューに載せ、当時は人気がなかったジンの良さをカクテル愛好家に再発見させた。最近のレシピではジンを多めに、スーズを少なめに使うようになっている。

ドライジン…45ml
リレブラン…30ml
スーズ・ゲンチアンリキュール…30ml

1. 氷をいっぱいに入れたミキシンググラスに材料をすべて入れて、15 − 20 秒ほどかき混ぜて十分冷やす。
2. 氷をいっぱいに入れたロックグラスにストレーナーを通して注ぐ。
3. レモンツイストを飾る。

◉ウッドランドフロール（2023 年）セバスチャン・ハミルトン＝マッジが本書のために考案してくれたレシピ

ドライベルモットの代わりにナッツ風味の強いシェリーであるアモンティリャードを使うこのカクテルは、マティーニ風だがもっと飲みやすい。ハミルトン＝マッジは「ジンの軽くさっぱりした味に、硬いタネをもつ果物のフレーバーと森を思わせるシェリーのフレーバーを加えることで、完璧なバランスが生まれた」と語っている。

ドライジン…60ml
アモンティリャードシェリー…15ml
アプリコットリキュール（マチルドやジファールなど）…小さじ 1

1. 氷を入れたミキシンググラスにすべての材料を入れて、よく冷えるまで 30 秒ほどかき混ぜる。
2. ストレーナーを通してカクテルグラスに注ぐ。

付録　世界のリキュール

本書ではたくさんのリキュールを紹介しているが、世界中のすべてのリキュールを網羅することはとてもできない。毎年新しい製品が出るだけでなく、さまざまな国や地域でノーブランドのリキュールが作られていて、それらは生産量が少ないため現地でしか手に入らないものが多いのだ。そうした現状はあるが、以下に記すリストにはできるだけ世界中の有名なリキュールを取りあげ、その起源やスタイル、主要なフレーバーとともに紹介している。商標登録されているものは名称の後ろに（P）のマークを付けてある。ここには挙げられなかったが、小規模な蒸溜所で作られている手作りの工芸品とも言うべきリキュールも多く、それらは機会があれば現地を訪ねて手に入れる価値がある。やむを得ないこととは言え、すべてを紹介しきれないことをお詫びする。

◉有名なリキュールメーカー

ヴェドレンヌ **Vedrenne**（フランス）
ジファール **Giffard**（フランス）
ジョセフ・カルトロン **Joseph Cartron**（フランス）
タムワース・ディスティリング／アート・イン・ジ・エイジ **Tamworth Distilling/Art in the Age**（アメリカ）
デカイパー **De Kuyper**（アメリカ）
テンパスフジット **Tempus Fugit**（アメリカ）
ドリロー **Drillaud**（フランス）
ハイラム・ウォーカー **Hiram Walker**（アメリカ）
ビター・トゥルース **The Bitter Truth**（アメリカ）
ブディエ **Boudier**（フランス）
ブリオッテ **Briottet**（フランス）
ボルス **Bols**（オランダ）
マチルド **Mathilde**（フランス）
マリー・ブリザール **Marie Brizard**（フランス）
ルクサルド **Luxardo**（イタリア）
ロスマン＆ウィンター **Rothman & Winter**（オーストリア）

◉クレームスタイルのリキュールの例

ド・ヴィオレット **de violette**　スミレの花
ド・カカオ **de cacao**　チョコレート、バニラ
ド・カシス／ド・カシス・ド・ブルゴーニュ **de cassis/de cassis de Bourgogne**　カシス
ド・スリーズ **de cerise**　チェリー
ド・ノワイヨ **de noyau**　アーモンド、チェリーやモモの硬いタネ
ド・バナーヌ **de banane**　バナナ
ド・フレーズ **de cerise**　イチゴ
ド・フランボアーズ **de framboise**　ラズベリー
ド・ペッシユ **de peche**　モモ
ド・マント **de menthe**　ミント
ド・ミュール **de mure**　ブラックベリー

◉樹皮、花、葉など植物の部位を用いたリキュール

アローロ **alloro**　ゲッケイジュの葉（プーリア州、イタリア）
アラセリ・マリーゴールド（**P**）**Araceli Marigold**　マリーゴールドの花（アメリカ）
アルマン・ギイ「ルヴェールサパン」**Armand Guy ‘Le Vert Sapin’**（**P**）　樅の木の新芽（ポンタルリエ、フランス）
カープセ・ハニーブッシュ（**P**）**Kaapse Honeybush**　ハニーブッシュ（＝ルイボスの

近縁）（南アフリカ）

カントゥエソ・アリカンティーノ **cantueso alicantino**　シソ科のティムス・モロデリ（現地名カントゥエソ）（アリカンテ県、スペイン）

キオス・マスティハ **Chios mastiha**　マステハ樹脂（キオス島のスキニアス松の樹脂）（キオス島、ギリシア）

クレーム・ディヴェット **Creme D'Yvette**（**P**）　パルマヴァイオレット、バラの花びら、各種ベリー類（フランス）

ゴールドシュレーガー（**P**）**Goldschlager**　シナモンとフレーク状の金箔（スイス）

サンジェルマン **St-Germain**（**P**）　エルダーフラワー（ニワトコ）の花（フランス）

シャロー **Chareau**（**P**）　アロエ、キュウリ、レモンピール、マスクメロン、スペアミント（アメリカ）

パルフェタムール **Parfait Amour**　普通はキュラソーベースでスミレ、バラ、柑橘類、バニラなど（フランス発祥だが今では多くのメーカーが作っている）

フィヤラグラサ・モス・シュナップス **Fjallagrasa Moss Schnapps**（**P**）　固有種のコケ（アイスランド）

フォス・ビョーク **Foss Bjork**（**P**）　カバノキの樹皮とカバノキのシロップ（アイスランド）

ラーチェ **Latsche**　ハイマツの若い松ぼっくり（南チロル、イタリア）

リーンバー・ディスティラリーズ・ポピーアマーロ（**P**）**Green Bar Distillery Poppy Amaro**　ポピーとタンポポ、ゲンチアナとアーティチョークなど（アメリカ）

ロズリン **rozulin**　固有種のバラ（＝ローザ・ケンティフォーリア）（ドゥブロヴニク、クロアチア）

◉コーヒーリキュール

カフェ・リコール／カフェ・デ・アルコイ **cafe licor/cafe de Alcoy**　アラビカ種のコーヒー豆（アルコイ、スペイン）

カルーア（**P**）**Kahlua**　ラムベースにアラビカ種のコーヒー豆とバニラビーンズ（メキシコ）

シェリダンズ（**P**）**Sheridan's**　2つに区切られたボトルの一方にコーヒーとチョコレート風味のウイスキーベースのリキュール、もう一方にバニラクリームリキュールが入っている。（ダブリン、アイルランド）

セントジョージ・ノラコーヒー（**P**）**St George Nola Coffee**　エチオピア産イルガチェフェ種のコーヒー豆、チコリの根、バニラ（アメリカ）

ティア・マリア（**P**）**Tia Maria**　ジャマイカンラムベースにコーヒー豆とバニラ（ジャマイカで生まれたが今はイタリアで製造）

トゥエルフス・ハワイ・ディスティラーズ・コナ・コーヒー（**P**）**12th Hawaii Distiller's Kona Coffee**　ハニースピリッツベースにコナコーヒーの豆（カイルア＝コナ、ハワイ）

ボルゲッティ（**P**）**Borghetti**　ロブスタ種またはアラビカ種のコーヒー豆（アンコナ、イタリア）

ミスターブラック・コールドブルー（**P**）**Mr Black Cold Brew**　アラビカ種のコーヒー豆（ラムの樽とメスカルを使うコーヒーアマーロも製造している）（オーストラリア）

◉チョコレートリキュール

アシャンティ・ゴールド（**P**）**Ashanti Gold**　ピーター・ヒーリング製（デンマーク）

クレーム・ド・カカオ **creme de cacao**　ウイスキ

ーまたはウォッカベース。カカオ豆とバニラ（フランス発祥だが現在は多くの蒸溜所で作られている）

ゴディヴァ・ダークチョコレート（P）**Godiva Dark Chocolate**　ダークチョコレート、オレンジピールの砂糖漬け、ブラックチェリー、コーヒー（ベルギー）

サブラ・チョコレート・オレンジ（P）**Sabra Chocolate Orange**　ダークチョコレート、ジャッファオレンジ（イスラエル）

ドルダ・ダブルチョコレート（P）**Dorda Double Chocolate**　ショパンライウォッカ、ミルクチョコレート、ダークチョコレート（ポーランド）

パトロン・XO・カフェ・ダークココア（P）**Patron xo Cafe Dark Cocoa**　テキーラベースにチョコレート、コーヒー（メキシコ）

パトロン・XO・カフェ・イセンディオ・チリ・チョコレートリキュール（P）**Patron xo Cafe incendio Chile Chocolate Liqueur**　テキーラベースにチョコレート、トウガラシ（メキシコ）

ビチェリン（P）**Bicerin**　チョコレートとヘーゼルナッツ（トリノ、イタリア）

ボッテガ・ジャンドゥヤ・チョコレート・クリーム（P）**Bottega Gianduia Chocolate Cream**　グラッパベースにヘーゼルナッツペースト（イタリア）

OM（P）　チョコレート、海塩（アメリカ）

◉クリームリキュール

アマルーラ（P）**Amarula**　マルーラの実とクリーム、ラズベリー、チョコレート、アフリカバオバブ、エチオピアコーヒー、バニラ（南アフリカ）

エズラ・ブルックス（P）**Ezra Brooks**　バーボンにクリーム（アメリカ）

カロランズ（P）**Carolans**　アイリッシュウイスキー、クリーム、ハチミツ（アイルランド）

グアッパ（P）**Guappa**　ブランデーにDOP（原産地名称保護）バッファロー・ミルククリーム（イタリア）

コロンバ・クリーム（P）**Columba Cream**　シングルモルトウイスキーをベースに、フレッシュクリームとハチミツ（スコットランド）

サングスターズ（P）**Sangster's**　熟成ラムにスパイス、フルーツ、クリーム（ジャマイカ）

シュガーランズディスティリング・アパラチアン・シッピンクリーム（P）**Sugarlands Distilling Appalachian Sippin' Cream**　グレインベースにダークチョコレート、コーヒー、バターピーカン（アメリカ）

セント・ブレンダンズ（P）**Saint Brendan's**　熟成アイリッシュウイスキーにクリーム（デリー、北アイルランド）

ソムラス・チャイ（P）**Somrus Chai**　ラムベースにカルダモン、バラ、サフラン、ピスタチオ、アーモンド、ターメリック、クリーム（ソムラスにはコーヒークリーム、マンゴークリームもある）（アメリカ）

ディサローノ・ベルベット（P）**Disaronno Velvet**　アマレットをベースにクリーム（イタリア）

ドゥーリーズ（P）**Dooley's**　ウォッカにオランダ産クリーム、ベルギー産キャラメル（ドイツ）

ベイリーズ（P）**Baileys**　アイリッシュウイスキー、アイルランド産クリーム、チョコレート、バニラ（他にエスプレッソクリーム、レッドベルベット、ストロベリーズ&クリーム、アーモンド、塩キャラメルもある）（アイルランド）

マグナム（P）**Magnum**　スペイサイド・シング

ルモルトウイスキーにクリーム（スコットランド）

ラム・チャタ（P）**RumChata** カリブ産ラムベースにスパイスとウィスコンシン・クリーム（アメリカ）

◉エッグ・リキュール

アドヴォカート **advocaat** ブランデーに卵（オランダ）

ザボヴ（P）**Zabov** イタリアンブランデー（グラッパ）に卵黄（フェラーラ、イタリア）

ポンチェ・クレマ（P）**Ponche Crema** ベネズエラのエッグノッグ（ベネズエラ）

ロンポペ **rompope** ラムまたはブランデーに卵黄、スパイス（要するにラテンアメリカのエッグノッグ）（プエブラ・デ・サラゴサ、メキシコ）

VOV（P） マルサラワインをベースに卵黄と砂糖（パドバ、イタリア）

◉フルーツリキュール

ヴィシナータ **vişinată** サワーチェリー（ルーマニア）

梅酒 おもに焼酎ベースに梅の実（日本）

グラッパ・ディ・ミルティッリ（シュヴァルツバーシュナップスとも呼ばれる）**grappa di mirtilli (also called schwarzbeerschnaps)** グラッパとブルーベリー（トレンティーノ、南チロル、イタリア）

ギニョレ **Guignolet** チェリー（フランス）

グリーンフック・ビーチプラム（P）**Greenhook Beach Plum** ジンベースにニューヨークビーチプラム（アメリカ）

シャンボール（P）**Chambord** コニャックベースにブラックラズベリー（フランス）

シムワイン **rượu sim** ローズマートルベリー（フーコック島、ベトナム）

ジンジーニャ **ginjinha** サワーチェリー（ポルトガル）

スロージン **sloe gin** スローベリー（イングランド）。商標権をもつブランドにはヘイマンズ、プリマス、シップスミスなどがある）

ゼッダ・ピラス（P）**Zedda Piras** マートルベリー（カリャーリ、イタリア）

チェリー・バウンス **cherry bounce** チェリー（アメリカ）

チェリー・ヒーリング **Cherry Heering** ブランデーベースにチェリーとスパイス（デンマーク）

ティトキ（P）**Ti-Toki** ティトキ［ニュージーランドの固有種の高木］の実（オークランド、ニュージーランド）

デカイパー・ピーチツリー・シュナップス（P）**DeKuyper Peachtree Schnapps** モモ（アメリカ）

パタカ・アサイー（p）**Pataka Acai** アサイーの実（パタカは他にもコーヒー、ジンジャー、クコの実、ザクロ、キヌアのリキュールも製造している）（フランス）

パチャラン **pacharan** アニススピリッツベースにスローベリー（ナバラ州、スペイン）

バルニョリーノ（地域によってはバルニョ、バルニョールとも呼ばれる）**bargnolino (known locally as bargnö or bargnol)** 中性スピリッツとスローベリー（パルマおよびピアチェンツァ、イタリア）

フラゴリーノ **fragolino** イチゴ（ヴェネト、イタリア）

プリクリー（P）**Priqly** ウチワサボテン（プリクリー）の実（マルタ）

ボンベイ・ブランブル（P）**Bombay Bramble**　ジンベースにブラックベリー、ラズベリー（イングランド）

マラスキーノ **maraschino**　マラスカ種のチェリー（ほとんどはイタリア産）。商標をもつブランドにはルクサルド、ラッツァローニ、ブディエ、レオポルドブラザーズ（アメリカ）などがある。

ミリネッロ **mirinello**　チェリー（トッレマッジョーレ、プーリア州、イタリア）

ミルト **mirto**　レッドマートルベリー（サルデーニャ島）

メシルジュ **maesil-ju soju**　焼酎（ふつうは米焼酎）にスモモ（韓国）

ラッカ（P）**Lakka**　クラウドベリー（ホロムイイチゴ）（フィンランド）

ルクサルド・サングエ・モルラッコ（P）**Luxardo Sangue Morlacco**　チェリー（パドバ、イタリア）

ラン・カン・カン（P）**RinQuinQuin**　白ワインにモモの実とモモの葉（プロヴァンス地方、フランス）

XUXU（P）　イチゴ（ドイツ）

◉柑橘系リキュール

アウルム（P）**Aurum**　ブランデーベースにオレンジ（ペスカラ、イタリア）

アガベロ（P）**Agavero**　テキーラベースにオレンジとアガベの果汁（メキシコ）

イタリクス・ロゾリオ・デ・ベルガモット（P）**Italicus Rosolio de Bergamotto**　イタリア産の中性スピリッツにベルガモット、カモミール、ラベンダー、ゲンチアン、イエローローズ、レモンバーム（イングランド。ただしロゾリオはイタリア発祥）

ヴァナ・タリン（P）**Vana Tallinn**　ラムベースに柑橘類、シナモン、バニラ（タリン、エストニア）

キトロ **kitro**　中性スピリッツにレモンの葉（ナクソス島、ギリシア）

キュラソー **curacao**　オレンジ（最初はララハオレンジを使ったが今ではいろいろなオレンジが使われている）。商標権のあるブランドとしてはグラマニエ（フランス）、シニア&カンパニー（キュラソー島）、ピエール・フェラン・ドライ・キュラソー（フランス）などがある。

グラン・ガラ（P）**Grand Gala**　イタリア産ブランデー（グラッパ）VSOPにオレンジ（発祥はイタリア）

スッカ・ヒル・スピリッツ・エトログ（P）**Sukkah Hill Spirits Etrog**　エアルームシトラス（カリフォルニア、アメリカ）

ソレルノ（P）**Solerno**　ブラッドオレンジ（イタリア）

トリプルセック **triple sec**　いろいろなオレンジとアルコールを使用。商標権をもつブランドとしてはコアントロー（フランス）、コンビエ（フランス）、ドリヤール（フランス）、ラッツァローニ・トリプロ（イタリア）、ルクサルド・トリプルム（イタリア）などがある。

ドリヨー（P）**Drillaud**　ブランデーベースにオレンジ（フランス）

ナランジャ（P）**Naranja**　オレンジ（メキシコ）

ネスポリーノ **nespolino**　ビワのタネ（バニラ、シナモンを加えることが多い）（イタリア）

パトロン・シトロンジ（P）**Patron Citronge**　中性グレインスピリッツにジャマイカまたはハイチのオレンジ（メキシコ）

ファトゥラーダ **fatourada**　ツィプーロ・スピリッツベースにオレンジとスパイス（キティラ島、ギリシア）

ファン・デル・フム（P）**Van der Hum**　ブランデーまたはワインの蒸溜酒にマンダリンオレンジとスパイス（南アフリカ）

ヘスペリディーナ（P）**Hesperidina**　オレンジ（ブエノスアイレス、アルゼンチン）

マンダリーヌ・ナポレオン（P）**Mandarine Napoleon**　マンダリンオレンジ（フランス）

ラム・クレモント・クレオール・シュラブ（P）**Rhum Clement Creole Shrubb**　アグリコルラムをベースにオレンジピールとスパイス（マルティニーク島）

リモンチェッロ **limoncello**　伝統的にはスフザート種のレモン（南イタリア）

◉その他のフルーツリキュール

カープセ・ピッテコウ（P）**Kaapse Pittekou**　トケイソウの実（パッションフルーツの変種）の果肉（南アフリカ）

カラニ（P）**Kalani**　ラムベースにココナッツ（メリダ、メキシコ）

サザン・コンフォート（P）**Southern Comfort**　レシピは非公開だがいろいろなフルーツとスパイスを使用（アメリカ）

ジルベンツ・ストーンパイン・リキュール（P）**Zirbenz Stone Pine Liqueur**　アルプスに生育する松の一種アローラストーンパインの松ぼっくり（オーストリア）

ティバリン（P）**thibarine**　非公開だがおそらくデーツ（ティバル、チュニジア）

デカイパー・アップルパッカー（P）**DeKuyper Apple Pucker**　リンゴ（アメリカ）

デスティレリア・ボデガ・イ・アバソロ・ニスタ（P）**Destileria Bodega y Abasolo Nixta**　トウモロコシ（メキシコ）

トゥアカ（P）**Tuaca**　ブランデーベースにバニラビーンズ、柑橘類、スパイス（イタリア）

トラウクティネ・ダイナヴァ（P）**Trauktine Dainava**　リンゴ、コケモモ、チェリー、ナナカマド（リトアニア）

ナナッシーノ **nanassino**　ウチワサボテンの実（アマルフィ海岸、チレント、サレント、イタリア）

パソア（P）**passoa**　パッションフルーツ（フランス）

パマ（P）**Pama**　ザクロジュース（アメリカ）

パンプルムース **pamplemousse**　グレープフルーツ（多くのメーカーがある）

ポンプ＆ウィムジー・ジン・リカー（P）**Pomp & Whimsy Gin Liqueur**　ジンに多くの植物とラズベリー、キュウリ、ライチ（ロサンゼルス、カリフォルニア）

マリブ・ラム（P）**Malibu Rum**　ラムにココナッツ（バルバドス）

ミドリ **Midori**　メロン（日本）

ムルタド **murtado**　グァバ（チリ）

ラタフィア **ratafia**　地域ごとに異なるフルーツやナッツ（発祥はヨーロッパ）

リコール・アルマダ **Licor Armada**　ポルトガルのフルーツとアジアのスパイス（ゴア、インド）

リースピリッツ・フォービドゥン・フルーツ（P）**Lee Spirits Forbidden Fruit**　グレープフルーツ、ハチミツ、スパイス（アメリカ）

リシド（P）**Lichido**　コニャックベースにレイシ、白桃、グァバ（コニャック、フランス）

◉アニス・リキュール

アニゼット anisette（発祥はフランス）

サッソリーノ sassolino （モデナ、イタリア）

サルミアッキ・コスケンコルヴァ Salmiakki Koskenkorva　ウォッカベースにサルミアッキ・リコリス（コスケンコルヴァ、フィンランド）

サンブーカ sambuca （イタリア）商標権をもつブランドにはラッツァローニ、ルクサルド、メレッティ、モリナーリ、ラマッツォーティなどがある。

ハーブセイント（P）Herbsaint（ニューオーリンズ、ルイジアナ）

ミストラ mistra（マルケ州、イタリア）

◉フランスのアメール（P）

アメール・ピコン Amer Picon　オレンジピール、ゲンチアン、キンキナ

サレール Salers　ゲンチアン

シナシナ China-China　バレンシアオレンジ、ビターオレンジ、ゲンチアン、キンキナ、アニス、クローブおよび高地性のハーブ

スーズ Suze　ゲンチアン

デュボネ Dubonnet　フレーバードワインベースにキンキナ

ボナール Bonal　ゲンチアン、キンキナ

◉イタリアのアマーロ（P）

アヴェルナ Averna　ビターオレンジ、ザクロシード、セージ、リコリス、ジュニパー

アペロール Aperol　ビターオレンジ、スイートオレンジ、ゲンチアン、ルバーブ、キナノキの樹皮など

アマランカ Amaranca　シチリア産ワイルドオレンジとハーブ

アンティカ・エルボリステリーア・カッペレッティ・パスビオ・ヴィーノ・アマーロ Antica Erboristeria Cappelletti Pasubio Vino Amaro　松ぼっくり、ハーブ、ワイルドブルーベリーを使ったアルプス地方のアマーロ

カッペレッティ・スフマート・ラバルバート Cappelletti Sfumato Rabarbato　乾燥したダイオウ（大黄）

カルダマーロ Cardamaro　カルドン［アザミ］、コロンボ、クローブ、リコリス、カルダモン

カンパリ Campari　レシピ非公開。ビターオレンジのフレーバーが強い

サン・シモーネ San Simone　ゲンチアン、キナノキ、ニガヨモギ、ルバーブ、マジョラムなど39種の植物

サントーニ Santoni　ルバーブ、アイリスの花、オリーブの葉、バラ、エルダーフラワーなど34種類の植物

ズッカ・ラバルバロ Zucca Rabarbaro　ダイオウ（大黄）、ビターオレンジピールなど

チナール Cynar　アーティチョークなど

ディ・ボルミオ Di Bormio　アルプス地方のリキュール。ゲンチアン、ルバーブ、ミントなど

デッレトナ Dell'Etna　ルバーブ、バニラ、ミント、スターアニス、シナモン、アーモンド

デッレルボリスタ Dell'Erborista　各種植物とハチミツ

ナルディーニ Nardini　グラッパベースにビターオレンジ、ゲンチアン、ペパーミント

ネローネ Nerone　各種のハーブ、植物の根、スパイス

ノニーノ Nonino　グラッパベースにオレンジ、ゲンチアン、ルバーブ、タイム、ニガヨモギ

フェルネット・ブランカ **Fernet-Branc** ゲンチアン、サフラン、ルバーブ、カモミールなど

ブラウリオ **Braulio** ジュニパー、ゲンチアン、ニガヨモギ、セイヨウノコギリソウ、ペパーミント

ブランカメンタ **Brancamenta** フェルネットブランカ・リキュールにペパーミントオイル

メレッティ **Meletti** クローブ、アニス、サフラン、オレンジピール、ゲンチアン、スミレの花

モンテネグロ **Montenegro** アルテミシア、コリアンダーシード、オレガノ、マジョラム、シナモン、ナツメグ、クローブ、スイートオレンジ、ビターオレンジ

ラマッツォッティ **Ramazzotti** カリビアンオレンジ、ルバーブ、ゲンチアン、スターアニス、キナノキの樹皮

ルカーノ **Lucano** ニガヨモギ、ゲンチアン、シトラスピールなど

◉ドイツその他のリキュール

イエーガーマイスター（**P**）**Jagermeister** スパイス系だがレシピ非公開（ドイツ）

ウンダーベルク（**P**）**Underberg** 43か国から集めたハーブ（ドイツ）

キレピッチュ（**P**）**Killepitsch** ハーブとスパイス（ドイツ）

クンメルリング（**P**）**Kuemmerling** ハーブ、スパイス（ドイツ）

シュヴァルツホック（**P**）**Schwartzhog** ニガヨモギ、ミツガシワなどの植物（ドイツ）

ツヴァック・ウニクム（**P**）**Zwack Unicum** 多くの植物（ハンガリー）

ベヘロフカ（**P**）**Becherovka** シナモン、クローブなど20種の植物（チェコ）

ペリンコバク（**P**）**pelinkovac** おもにニガヨモギ（クロアチア）

リガ・ブラックバルサム（**P**）**Riga Black Balsam** ヤナギ、ゲンチアン、ペルーバルサムオイルを含む24種の原料（ラトビア）

◉ハーブとスパイスを使った各種リキュール

アヴェーズ（**P**）**Aveze** ゲンチアン（フランス）

アポローグ・サフラン（**P**）**Apologue Saffron** サフラン、コリアンダー、ターメリック、ニゲラシードなどのスパイス（アメリカ）

アマルゴ・オブレロ（**P**）**Amargo Obrero** ハーブ（アルゼンチン）

アルケルメス **alkermes/alchermes** バラ、バニラ、柑橘類と多様なスパイス（イタリア発祥）

アロマティック（**P**）**Aromatique** 各種スパイス（ドイツ）

アンチョレイエス、オリジナル、ヴェルデ（**P**）**Ancho Reyes, Original and Verde** 乾燥トウガラシ（アメリカ）

イエバス・イビセンカス **hierbas Ibicencas** アニススピリッツに多くのハーブを漬けこんだもの（スペイン）

イザラ（**P**）**Izarra** ジョーヌ［黄色］とヴェルト［緑］（ペパーミント）の2種（フランス）

ヴェスペトロ **vespetro** 薬草、ハーブ、スパイス（ロンバルディ、イタリア）

ヴェルヴェーヌ・デュ・ヴレ **Verveine du Velay** レモンバーベナなどのハーブ、植物、スパイス（フランス）

エリクシール・ダンヴェール（**P**）**Elixir d'Anvers** 30種以上の植物を使いオークの樽で熟成（ベルギー）

エリシール・デルベ・バラティエ（**P**）**Elisir d'**

Erbe Barathier　多様な植物（イタリア）

エルベロ **herbero**　多くのハーブとアニス（スペイン）

オールスパイスあるいはピメント・ドラム **allspice or pimento dram**　ラムベースにオールスパイス（西インド諸島）

ガリアーノ（P）**Galliano**　シナモン、バニラ、ラベンダー、アニスをはじめ30種以上の原料（イタリア）

カリサヤ（P）**Calisaya**　キナノキの樹皮を使うイタリア風のアマーロ（アメリカ）

キャップコルス・マッテイ（P）**Cap Corse Mattei**　マスカットワイン・ベースにキナノキの樹皮（フランス）

キングズ・ジンジャー（P）**King's Ginger**　ジンジャー（イングランド）

クローナン・スウェディッシュ・プンシュ（P）**Kronan Swedish Punsch**　インドネシアのバタビアアラックおよびジャマイカとガイアナのラムがベース（スウェーデン）

コルフィーニオ（P）**Corfinio**　ハーブとサフラン（イタリア）

ジェット27（P）**Get 27**　ミント（フランス）

シャルトルーズ（P）**Chartreuse**　レシピ非公開だが130種のハーブ（フランス）

シュロベラー（P）**Schrobbeler**　43種のハーブ（オランダ）

シンジェベルガ（P）**Singeverga**　バニラ、スパイス（ポルトガル）

スイートドラム・エスキューバック（P）**Sweetdram Escubac**　カルダモン、ナツメグ、キャラウェイ、柑橘類（イングランド）

ストレーガ（P）**Strega**　ミント、シナモン、アイリス、ジュニパー、サフランなど70種のハーブ（イタリア）

ダンケルド・アトール・ブローズ（P）**Dunkeld Atholl Brose**　モルトウイスキー、ヘザーハニー、オート麦、ハチミツ（スコットランド）

チェンテルベ **centerbe**　アルプスの高山植物（イタリア）

テントゥーラ **tentura**　ブランデーまたはラムにシナモン、クローブなどのスパイス（ギリシア）

ドメーヌ・ドゥ・カントン・ジンジャー（P）**Domaine De Canton Ginger**　コニャックベースにジンジャー、ハチミツ、バニラビーンズ（フランス）

ドラン・ジェネピ（P）**Dolin Genepy**　中性スピリッツにヨモギ（フランス）

パロ・デ・マヨルカ **palo de Mallorca**　ゲンチアン、キナノキの樹皮（スペイン）

パンチ・ファンタジア（P）**Punch Fantasia**　ラムにスパイスと柑橘類（イタリア）

ビアンコサルティ（P）**Biancosarti**　ハーブ、スパイス、根、花（ボローニャ、イタリア）

ピムス・カップ（P）**Pimm's Cup**　ジンベースにさまざまなハーブとスパイス（イングランド）（フルーツカップ、サマーカップ系のリキュールのブランドにはピムス以外にもブルーム、プリマス、シップスミスなどがある）

ファイアーボール・ウイスキー（P）**Fireball Whisky**　カナディアンウイスキーベースにシナモンフレーバー（アメリカ、もとはカナダ）

ベイラン（P）**Beirao**　ミント、カルダモン、ラベンダーなど多様なハーブやスパイス（ポルトガル）

ベネディクティン（P）**Benedictine**　アンジェリカ、レモンバーム、ヒソップをはじめ27種のハーブ（フランス）

マハラン・マハンサール・シャヒグラブ（P）Maharan Mahansar Shahi Gulab　多くのハーブ、スパイス、ドライフルーツ（インド）

ママフアナ mamajuana　ラムベース（ドミニカ共和国）

ランプル・ミンツェ（P）Rumple Minze　ペパーミント（イギリス、もとはドイツ）

◉ハチミツのリキュール

アマーロ・シビッラ（P）Amaro Sibilla　ハチミツ（ピエヴェボヴィリアーナ、イタリア）

クルプニック krupnik　ハチミツ（ポーランド）

グレイヴァ（P）Glayva　スコッチウイスキーにハチミツ、マンダリンオレンジ、スパイス（エディンバラ、スコットランド）

シボキーニャ xiboquinha　カシャーサ［サトウキビから作るブラジルの蒸溜酒］にハチミツ、ライム、スパイス（ブラジル）

シュタベントゥン Xtabentun　ラムとハチミツのスピリッツにアニスシード（ユカタン半島、メキシコ）

ドランブイ（P）Drambuie　スコッチウイスキーにヘザーハニーとスパイス（スコットランド）

ベーレンイエガー（P）Barenjager　グレインスピリッツベースにハチミツ（エルデ、ドイツ）

ポンチュ pontche　サトウキビのスピリッツに糖蜜またはハチミツ（カーボベルデ）

ユーコン・ジャック（P）Yukon Jac　カナディアンウイスキーのベースにハチミツ（サラベリー・ド・ヴァレーフィールド、カナダ）

ラコメロ rakomelo　ツイクディア［ギリシアの未熟なブランデー］ベースにハチミツ、ハーブ、スパイス（クレタ島）

ロンミエル・デ・カナリアス ronmiel de Canarias　ラムベースにハチミツ（カナリア諸島）

◉ナッツ、タネ、根のリキュール

アマレット amaretto　アプリコット、モモなどの果実の硬いタネの中身やアーモンドなどをさまざまに組みあわせて作る。おもなブランドはディサローノ・アマレット・オリジナル、ラッツァローニ、ルクサルドなど。

オルジェー L'Orgeat　サトウキビの中性スピリッツにアーモンド（アメリカ）

キュンメル kummel　キャラウェイ、クミン、フェンネル（オランダ、ドイツ、ロシア）

シッキム・カルダモン・リキュール（P）Sikkim Cardamom Liqueur　カルダモン（インド）

ノチェッロ nocello　クルミまたはヘーゼルナッツ（モデナ、イタリア）

ノチーノ nocino　未熟な緑のクルミ（エミリア＝ロマーニャ州、イタリア）

ノッチョリーノ・ディ・キヴァッソ nocciolino di Chivasso　ヘーゼルナッツ（キヴァッソ、イタリア）

パードレ・ペッペ（P）Padre Peppe　クルミ（アルタムーラ、イタリア）

フランジェリコ（P）Frangelico　ヘーゼルナッツ、コーヒー、カカオ、バニラ（イタリア）

レスリー・ジェイコブズ・ソルモンソン（Lesley Jacobs Solmonson）
フードライター。特にカクテル、ワイン、スピリッツなどに詳しい。《ワイン・エンスージアスト》《グルメ》など多くの雑誌に寄稿している。カクテルのレシピを紹介するサイト 12bottlebar.com を夫デイヴィッドとともに主宰。アメリカ・カクテル博物館の諮問委員会委員も務めている。邦訳書に『ジンの歴史』（原書房）がある。

伊藤はるみ（いとう・はるみ）
1953 年名古屋市生まれ。愛知県立大学外国語学部フランス学科卒。おもな訳書に『身体が「ノー」と言うとき』（日本教文社）、『世界を変えた 100 の手紙』、『アボカドの歴史』、『貝の文化誌』（以上、原書房）などがある。

「食《しょく》」の図書館《としょかん》

リキュールの歴史《れきし》

●

2024年5月31日　第1刷

著者……………レスリー・ジェイコブズ・ソルモンソン
訳者……………伊藤《いとう》はるみ
装幀……………佐々木正見《ささきまさみ》
発行者……………成瀬雅人
発行所……………株式会社原書房

〒160-0022 東京都新宿区新宿 1-25-13
電話・代表 03(3354)0685
振替・00150-6-151594
http://www.harashobo.co.jp

印刷……………新灯印刷株式会社
製本……………東京美術紙工協業組合

ISBN 978-4-562-07407-5, Printed in Japan